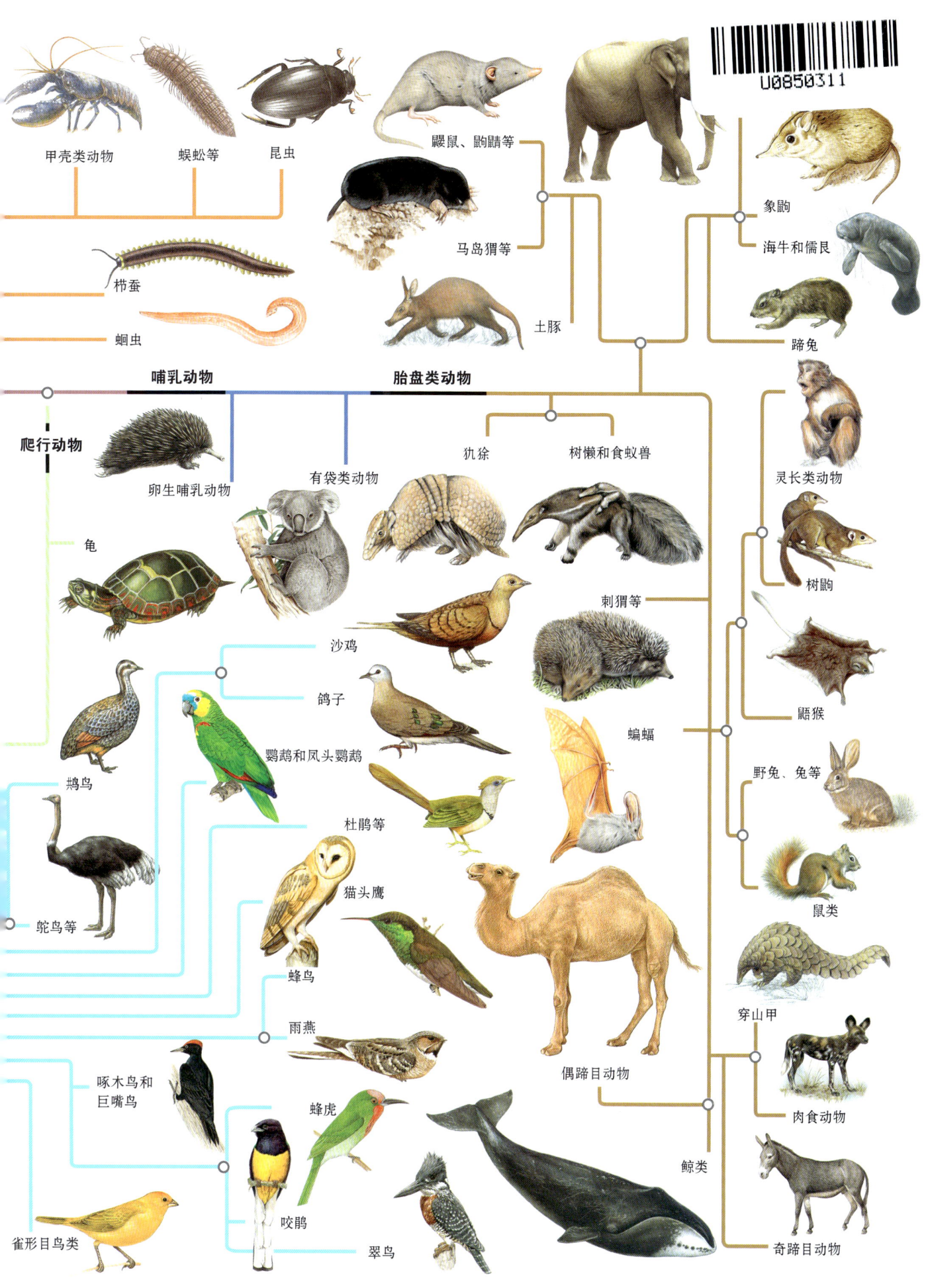

国家地理动物百科

哺乳动物 上

西班牙 Editorial Sol90, S. L. ◎著
任艳丽　李彤欣 ◎译

山西出版传媒集团　山西人民出版社

目录

概况
什么是哺乳动物　　4
恒温　　6
起源和进化　　9
分类　　10
有胎盘类动物　　12
解剖结构　　14
皮肤和毛　　17
生物学及行为　　18
生命周期　　20
濒危哺乳动物　　22

单孔目及有袋目动物
卵生哺乳动物　　24
有袋目动物　　26

刺猬、鼹鼠及其他目动物
刺猬和刺毛鼩猬　　42
鼹鼠及其近亲　　44
马岛猬及其他　　53
树鼩　　56
象鼩　　58
鼯猴　　59

蝙蝠

什么是蝙蝠	*60*
饮食	*62*
解剖结构	*64*
回声定位	*66*
狐蝠	*68*
小翼手亚目	*72*

灵长类动物

什么是灵长类动物	*78*
移动	*80*
解剖结构	*82*
行为习性	*84*
濒危的灵长类动物	*86*
原猴亚目	*88*
猴子、猿猴与眼镜猴	*92*

食蚁兽、犰狳及穿山甲

食蚁兽与树懒	*112*
犰狳	*114*
穿山甲	*115*

概 况

大约两亿两千万年前在地球上出现了哺乳动物，它们征服了地球，在各个栖息地扩散、进化，甚至在空中、水中定居。

什么是哺乳动物

把它们定义为哺乳动物这一类是因为这类动物有相同的特征，比如全身被毛、有体温调节机制、大部分胎生、哺乳。然而，在有描述的超过5400个种类中，哺乳动物之间的差异性也是令人惊叹的，这其中既包含仅重3克的鼩鼱，也包括重达160吨的蓝鲸。

门：	脊索动物门
纲：	哺乳纲
目：	29
科：	140
种：	5400

共同特征

哺乳纲里聚集了各种各样的动物。尽管体形各异，但它们之间有一些共同特征。其中一个特征是靠雌性体内乳腺分泌的乳汁来哺养幼崽，哺乳纲也因此而得名。瑞典自然科学家卡尔·林奈把哺乳动物和其他脊椎动物区分开，把它称为哺乳纲（*Mammalia*），这来自拉丁语，意思是"有乳房的生物"。

哺乳纲的大多数动物身上都有毛，毛发几乎覆盖了全身。除了其他功能之外，毛发还帮助动物们调节体温。不管外界的气温如何变化，恒温，这一调节代谢的能力不仅使它们体温保持不变，而且使得它们在极端温度下也能保持活跃，这也是用来区分哺乳动物的特征之一，除哺乳动物外，这一特征仅见于鸟类。

哺乳纲中的大多数物种是胎生的：产下活的幼崽，生命初期，幼崽在母亲体内生长发育。

哺乳纲动物的头骨也有不同的特征：和它们的祖先相比，骨头减少，哺乳动物是由合弓纲爬行动物演化而来的。合弓纲动物的颌骨由多块骨头构成，其中关节骨通过方骨连接到头骨。相反的是，现代哺乳动物的下颌只有一块骨头，即齿骨，连接到头骨。方骨和关节软骨，被称作砧骨和锤骨，和镫骨一起构成中耳。

栖息地和分布

由于哺乳动物对不同的环境有超强的适应能力，它们分布于整个地球，成为仅次于鸟类的分布最广的脊椎动物群。几乎各个环境圈里都有它们的身影，但是大部分物种还是分布在植被茂盛的多雨地区，即南北回归线之间的热带地区。尽管牧场和草原的生存环境不是很理想，但是多样的进化适应使得哺乳动

习得本领
幼崽在嬉戏中得到训练，习得本领。这是哺乳纲动物特有的能力。

物也能够在这些地方栖息繁衍。大型食草哺乳动物的食物资源是牧草。其他小型和中型的动物，可以挖洞隐藏自己。在气候极其恶劣的冰原和极地地区，北极兔、驯鹿、北极熊、海象、海豹等物种也能生存。相反，还有一些适应了沙漠地区高温干旱环境的物种，比如骆驼、沙鼠及一些种类的羚羊。还有一些哺乳动物甚至生活在水中：这得益于它们的身体方面所具有的一些特征，比如鲸和海豚，尽管需要呼吸水面的空气，但也可以在水中潜伏很长时间。

适应能力

哺乳动物的特征（外形特征、运动能力、饮食习惯和生活习性）根据它们栖息地的环境而调整变化。适应能力不仅体现在身体构造的变化上，也体现在行为习惯的调整上。

在不同物种之间，四肢的形状有很大的区别。尽管有不同的功能，但四肢主要还是用于运动。善跑动物的前肢和后肢又细又长，大小几乎相同。相反的是，大型善跳跃动物的后肢要比前肢大。

会挖洞的动物的四肢较短，爪子有力，前肢肌肉非常发达。会游泳的动物的前肢则演变成扁平的鳍状肢或者趾间有膜的前肢。水栖动物中进化的极端个例是鲸目动物和海牛目动物，它们的后肢完全消失了。而会飞的哺乳动物的前肢长长的，有宽大的蹼状指头；会滑翔的动物则有了皮膜，皮膜连着前肢和后肢。

生活习性和社会结构

先天性行为是哺乳动物本能反应和适应性的结果。且不说刚出生就有的行为和技能，它们的学习能力也强于其他很多物种。特别是在社会结构发达的种群中，在幼崽习得新技能的过程中，模仿、尝试与出错、嬉戏等是非常重要的。

关于性行为，不同物种之间的方式存在很大的不同。有时，一只雄性和很多只雌性进行交配；有时，在很长一段时间内，甚至长达一生的时间内，雄性只会和同一只雌性进行交配。

哺乳动物强大的适应能力使其产生了各种各样的行为和社会组织方式。它们可以独居，可以成对或小群体生活，也可以群居或者集居。动物群可以在很长时间内保持稳定不变。有时群体的构成也很随意。不管怎样，在生命初期，雌性动物哺养幼崽，维系着母子之间的关系，直至新生儿长大成熟。

不同的社会结构意味着不同的环境利用方式。大部分物种在一个能够维持生命的空间内繁衍生息。有一定面积的领地，里面有食物、水，而且还是它们自己及幼崽的庇护所。一些动物有两处不同的领地：一处是其巡视或活动的领地，它们在这个领地内寻找食物；另一处面积较小，有固定的界限，在同类面前，它们会捍卫自己的领地。不同的物种之间，巡视地范围的大小根据其可获得的食物的多少而变化。比如北极熊的领地面积可达12.5平方千米，因为它们的猎物分布得零零散散。

解剖学上的差异
幸亏有长长的脖子，长颈鹿可以从高高的树上取食，不和其他食草动物争夺食物。其他哺乳动物，比如在羚羊身上也能看到这种饮食上的适应进化。

哺乳

哺乳动物的两性都有乳腺，但雄性动物的乳腺在初情期之前就停止了发育。哺乳动物中的所有雌性在产下幼崽后，开始分泌乳汁，用乳汁哺养幼崽。这一特征使得刚出生的幼崽不用寻找食物，和其他纲的动物相比，这一特征增加了幼崽的成活率。母乳富含蛋白质、脂肪以及抗体。

乳头

除了单孔目动物，哺乳动物的幼崽通过雌性动物的乳头吮吸乳汁。灵长类动物往往在幼崽长出第一恒磨牙时给它们断奶。

恒温

哺乳动物是恒温动物：能在外界温度变化的情况下，保持和调节自身温度。为了实现体温恒定，它们能够产生并保存热量，也可以排出过高的热量。在两种极端的环境下保持热量平衡是一个持续的挑战，在这种情况下它们会进行多种活动，比如休息或奔跑。

北极熊的体温调节

和所有哺乳动物一样，北极熊能保持内在体温的恒定。这得益于其具有的复杂的系统增强了它们的隔热能力，加强了对太阳光的吸收，使得它们适应了北极地区极其寒冷的气候。

北极熊
Ursus maritimus

呼吸道
鼻子里有薄膜，在空气进入肺部前，使空气变得温暖湿润。

平衡
位于下丘脑（在大脑中）的体温调节中枢，可以使动物身体保持恒定温度。

发抖
和人一样，当体温下降的时候，很多动物也会发抖。发抖时，肌肉收缩。发抖能产生热量。

零下60摄氏度
这是北极熊在冬天可以忍受的最低温度。

体形
硕大的体形和相对较短的四肢使得散失的热量较少。相反，越小的动物体温下降越快。

主要储存脂肪的地方
位于大腿、臀部和腹部。

清凉的耳朵
生活在沙漠地区恶劣气候中的耳郭狐,它大大的耳朵能散热,从而降低体温。

气候变化
越来越短的冬天使黄腹土拨鼠较早地从冬眠中醒来。

防护层
北极熊总共有 3 个防护层:前两层是皮毛,第三层是脂肪。其作用就像保温绝缘体一样。

外毛
绒毛
脂肪

1 粗大的外毛
又粗又长且粗糙,能隔热、防止外部的东西(昆虫和泥土)进入,还能防水。

2 细密的内毛
柔软稠密,有隔热功能。

3 脂肪
在夏天,北极熊经常进食以积攒 11~15 厘米厚的脂肪层,脂肪层能帮助它们度过冬天。

皮毛内部
每一根毛中间都是空的,里面充满空气。这使得内毛具有隔热作用。

15 厘米
每根中空隔热的毛发的长度。

温度
下面的红外线热量图依据不同的颜色来表示体温:红色(热)体温最高;蓝色/绿色(冷)体温最低。

由内到外
不管外部多么寒冷,恒温动物都能保持体温稳定。它们自身可以产生热量。

由外到内
两栖动物和爬行动物,比如鬣蜥,是外温动物:从外部获取热量。它们通常通过"晒太阳"来调节体温。

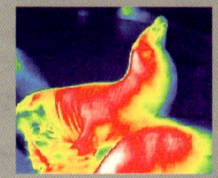

降温
恒温动物,比如海豹通过出汗、潜在水中或者待在凉爽、阴凉的地方来避免体内温度过高。

冬眠
这是很多物种都会具有的功能,以此来应对冬天的严寒以及食物的短缺,进入深深的、漫长的、可控制的昏睡中。在冬眠时,动物新陈代谢下降,体温下降。比如榛睡鼠一年可以冬眠 4 个月,在这段时期它们消耗秋天时候在皮下脂肪层储备的能量。

头
把头藏在长长的尾巴下面。

腿
腿一直是弯着的。

1 摄氏度
榛睡鼠冬眠时的体温。

尾巴
用尾巴遮住部分身体。

饮食

为了保持温度恒定，体温调节需要消耗大量的能量。因此，饮食至关重要。所有哺乳动物都需要摄入足够的营养来保证它们的新陈代谢。

对此，每一种动物都有自己的方式。一些动物对饮食要求极高，另一些动物则是机会主义者，可以在多种环境下生存。

科学家们认为，地球上首先出现的哺乳动物是掠食者，在不断的进化过程中，摄入所需营养的方式也变得多种多样。如今有肉食动物、草食动物、杂食动物，甚至在同一群体中还有专门分工，使得每个物种都有自己特定的生态位。比如，有一些草食动物只吃水果，另一些则偏爱树枝和树叶，或只吃牧草。它们的不同之处不仅表现在饮食上，不同的饮食习惯意味着其消化系统有不同的解剖学特征。肉食动物的消化系统较为简单，因为蛋白质、脂质和矿物质不需要专门处理。对它们来说，消化纤维素和含有植物细胞内壁的结构性碳水化合物就成问题了。这种高营养物质很难消化，因此，草食动物有分成不同室的胃，在胃中有用来促进纤维新陈代谢的细菌和其他微生物。此外，动物的体重和所需的食物量之间也有关系。体形越小，新陈代谢系统的需求就越多，相对应地，所需要吃下的食物量也越大。

专门的牙齿

牙齿上有牙冠，上面覆盖着一层坚硬的珐琅质，还有深深扎在牙槽里的牙根。大多数情况下，牙齿被分为四组（切牙、尖牙、前磨牙、磨牙），但在一些物种中，并不是四组牙齿都有，比如海豚或犰狳，还有一些动物连一颗牙齿也没有。

切牙的功能是咬住食物，把食物啃下来、切成块。尖牙的主要任务是撕碎食物，因此，很多食草动物没有尖牙。前磨牙和磨牙又短又平，用来研磨和磨碎食物。但在一些动物群中，比如食肉动物，磨牙组边缘锋利，可用来切断食物。

哺乳动物通常有两副牙齿：第一副为乳牙，随后换成恒牙。恒牙和乳牙在形状和功能上都不同。恒牙不能替换，它们是一副耐用的牙齿。牙齿的生长和形态能为我们提供大量信息，从而知道一只哺乳动物的生活方式和饮食习惯。这对哺乳纲动物的系统研究也非常重要。

近亲

尽管在今天看来哺乳动物特征各异，但是它们都是从一群被命名为兽孔目的爬行动物演变而来的。兽孔目出现在古生代晚期，现已灭绝，只留下犬齿兽这一后代。犬齿兽属于合弓纲，是哺乳动物的直系祖先。犬齿兽在大约1.95亿年前开始活跃。可以控制体内温度的能力是它存活下来的决定因素。恐龙在6500万年前灭绝，小型哺乳动物避免了同恐龙的竞争及被掠食，它们得以生存、繁衍、演变。

伪装防护

对大多数哺乳动物来说，伪装是保护和防卫的一种策略。伪装就是和环境融为一体。如果它们保持不动，就能躲过"狩猎者"。毛发的长度不同，色素不同，使得动物的毛发能变成周围环境的颜色。这种适应性也表现在一些"狩猎者"身上，这样它们就能抓住猎物。

异型齿

哺乳动物，比如狼，拥有不同分工的牙齿，几乎每颗都有着不同的功能。

起源和进化

哺乳动物出现在三叠纪时期,和恐龙同期生活,直至恐龙灭绝。哺乳动物可能是夜行性食虫动物。通过对动物化石的研究,可以大致地再现哺乳动物的进化史。其中也包括摩尔根兽,这是一个已灭绝的物种,外形和鼩鼱相似。

哺乳动物进化史

在古生代晚期,一群爬行动物逐渐演变,有了哺乳动物的特征:颌骨变大,牙齿分化,有次生腭,新陈代谢改变,能够调节体温。除了犬齿兽,大部分都没有后代。在大约2.6亿年后,犬齿兽演变成早期哺乳动物。

现代哺乳动物进化里程碑

单位:百万年	犬齿兽:似哺乳类爬行动物	摩尔根兽	吴氏巨颅兽:中耳进化		始祖兽:原始胎盘类动物适应爬树	恐龙灭绝		曙猿:手和四肢可以抓东西	
	260	200	195		125	65		45	
纪	二叠纪	三叠纪		侏罗纪	白垩纪	第四纪	晚第三纪	早第三纪	
代	古生代		中生代 爬行动物时代				新生代 哺乳动物时代		

从爬行动物到哺乳动物

在进化过程中,哺乳动物头骨中的关节骨和方骨演变成中耳里三个听小骨中的两个。现代哺乳动物的听小骨能够把声音从鼓膜传递到内耳。

摩尔根兽

原始哺乳动物,属于三尖齿兽目,是一种生活在三叠纪晚期到白垩纪的哺乳动物。在亚洲的中国、欧洲、北美发现了它的化石。

头骨
比现存的所有哺乳动物的头骨都小。

毛发
全身被毛,这是哺乳动物一个最为显著的特征。

铰链

似哺乳类爬行动物
爬行动物和合弓纲动物头骨中的下颌由多块骨头构成。关节骨像铰链一样,和方骨连接在一起。

颌骨
下颌只剩下一块骨头——齿骨。颌骨关节的位置也发生了变化。

颧弓

腿
腿垂直于躯干下方。这和非恐龙爬行动物有很大不同。它们的腿朝身体外伸展。

在三叠纪时期的转化
关节骨和方骨之间的关节依然存在,在次棱角骨和鳞状骨中间出现另一个关节。次棱角骨的位置和齿骨位置相符。颧弓逐渐进化,且在颧弓处长出一块重要的颌骨肌肉。

切牙
尖牙
前磨牙和磨牙

锤骨 **砧骨**
听觉神经
镫骨
鼓膜

现代哺乳动物
只有连接齿骨(下颌的主要结构)和鳞骨的关节还保留着。牙齿分化成不同功用的牙齿:切牙、尖牙、前磨牙和磨牙。

当今哺乳动物的耳朵
关节骨变成当今哺乳动物耳朵中三个听小骨中的第一个,即锤骨。第二个是砧骨,由祖先的方骨演变而来。镫骨通过椭圆形的前庭窗把砧骨和内耳连接在一起。前庭窗通向半圆形耳道。

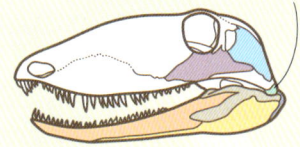

注
- 齿骨
- 角骨
- 关节软骨
- 鳞骨
- 方骨
- 颈部
- 次棱角骨

分类

哺乳纲由 29 个目构成，通常被分成两个亚纲：原兽亚纲（哺乳动物中唯一产卵的动物群）和兽亚纲（胎生哺乳动物）。后一种又分为两个下纲：后兽下纲（没有胎盘的哺乳动物即有袋目动物）和真兽下纲（有胎盘类动物，这一下纲里包含剩下的所有现代哺乳动物）。

原兽亚纲

这一亚纲由一群哺乳动物构成。这些哺乳动物最突出的特征是：它们并不产崽，而是产卵。这一亚纲也被称作单孔目。鸭嘴兽和针鼹属于这一亚纲。单孔目动物分布在澳大利亚大陆、塔斯马尼亚岛和新几内亚地区。

食肉目
包含多种动物的目，大部分由掠食者构成，比如豹子。

后兽下纲

也被称作有袋目动物，这一下纲的哺乳动物最显著的特征是雌性子宫发育不足，幼崽抓住乳腺，吮吸乳汁完成发育。乳腺长在囊袋或育儿袋中。由于胎儿的妊娠期较短，幼崽刚出生时，眼睛和耳朵发育不全，但是它们的消化系统和呼吸系统已经足够强壮，能够在育儿袋中存活下来。这一下纲由 7 个目构成，其中 4 个目来自大洋洲，剩下的 3 个目来自美洲。

大袋鼠、树袋熊和负鼠（在阿根廷被错误地称作鼩）是后兽下纲中最为人所熟知的动物。

真兽下纲（有胎盘类）

大部分哺乳动物都属于这一下纲，其包含 21 个目。它们的共同特征是幼崽在母亲子宫内发育。因都具有这一特征，它们被归为一类。不同物种的幼崽在母亲肚子里的时间有所不同，但时间都相对较长。

最新证据

DNA 序列分析表明，鲸和奇蹄目动物（比如马、貘和犀牛）都属于真兽下纲。它们之间的姻亲比其他任何一个种群都更近。另一方面，DNA 研究发现，有胎盘类哺乳动物主要分布在三大区域：非洲、南美洲和北半球。

已灭绝的目

无论是在有胎盘类还是在有袋目或单孔目动物中，都有已灭绝的目。哺乳动物出现在距今大约 2.2 亿年前的三叠纪。自那之后，有很多种哺乳动物出现又灭绝了。当今的哺乳动物种类只是这一庞大种群的一小部分。

距今仅 1 万年前，在南美洲，很多种动物灭绝了。有很多南美洲本土目，如南美有蹄目，由类似于河马的哺乳动物构成。南美洲的滑距骨目也已经灭绝，这一目中有类似于现代骆驼的食草动物。

300 万年前，中美洲大陆桥形成，南美洲和北美洲的动物之间有了交流。乳齿象、剑齿虎、熊、骆驼科动物、马鹿、马和犬科动物是从北美洲进入南美洲的一部分动物。这次相遇，给南美洲的很多物种带来了灭顶之灾，另外一些则共同生存。但或许影响最大的因素还是人类到达了美洲（最近的猜测认为是在 10 万年前），因为在那时仍有很多今天已经消失的物种。

灵长目
有相对的拇指，能抓住物体。

卵生哺乳动物
单孔目
目：单孔目　　科：2　　种：5

有袋纲
负鼠
目：负鼠目　　科：11　　种：87

鼩负鼠
目：鼩负鼠目　　科：1　　种：6

南猊
目：微兽目　　科：1　　种：1

澳洲有袋鼠、袋食蚁兽及近亲
目：袋鼬目　　科：3　　种：71

袋狸
目：袋狸目　　科：3　　种：21

袋鼹
目：袋鼹目　　科：1　　种：2

负鼠、袋鼠、树袋熊、袋熊及近亲
目：双门齿目　　科：11　　种：143

有胎盘类哺乳动物
犰狳
目：有甲目　　科：1　　种：21

树懒和食蚁兽
目：披毛目　　科：4　　种：10

穿山甲
目：鳞甲目　　科：1　　种：8

马岛猬、懒鼩、金毛鼹
目：非洲猬目　　科：2　　种：51

象鼩
目：象鼩目　　科：1　　种：15

刺猬和刺毛鼩猬
目：猬形目　　科：1　　种：24

鼹鼠、鼩鼱、比利牛斯鼬鼹和沟齿鼩
目：鼩形目　　科：4　　种：428

鼯猴或飞行狐猴
目：皮翼目　　科：1　　种：2

树鼩
目：树鼩目　　科：2　　种：20

蝙蝠
目：翼手目　　科：18　　种：1116

灵长目动物
目：灵长目　　科：15　　种：376

　狐猴亚目的猴
　亚目：原猴亚目　　科：7　　种：88

　猴和猿猴
　亚目：简鼻亚目　　科：8　　种：288

食肉动物
目：食肉目　　科：15　　种：287

　狗和狐狸
　科：犬科　　种：35

　鬣狗和土狼
　科：鬣狗科　　种：4

　熊和熊猫
　科：熊科　　种：8

　小熊猫
　科：熊科　　种：1

　鼬科动物
　科：鼬科　　种：59

　海豹
　科：海豹科　　种：19

　海狮和北方海狗
　科：海狮科　　种：16

　海象
　科：海象科　　种：1

　浣熊及近亲
　科：浣熊科　　种：14

　麝香猫、小斑獛和灵猫
　科：灵猫科　　种：35

　獴
　科：獴科　　种：33

　猫及近亲
　科：猫科　　种：40

　马达加斯加食肉动物
　科：食蚁狸科　　种：8

　非洲椰子猫
　科：双斑狸科　　种：1

　加拿大臭鼬
　科：臭鼬科　　种：13

大象
目：长鼻目　　科：1　　种：3

海牛和儒艮
目：海牛目　　科：2　　种：5

奇蹄动物
目：奇蹄目　　科：3　　种：17

　马、斑马和驴
　科：马科　　种：8

　貘
　科：貘科　　种：4

　犀牛
　科：犀科　　种：5

蹄兔
目：蹄兔目　　科：1　　种：4

土豚
目：管齿目　　科：1　　种：1

偶蹄动物
目：偶蹄目　　科：10　　种：240

　牛、羚羊和羊
　科：牛科　　种：143

　鹿
　科：鹿科　　种：51

　鼷鹿
　科：鼷鹿科　　种：8

　麝鹿
　科：麝科　　种：7

　叉角羚或美国羚羊
　科：叉角羚科　　种：1

　长颈鹿和㺢㹢狓
　科：长颈鹿科　　种：2

　骆驼和羊驼
　科：骆驼科　　种：4

　猪
　科：猪科　　种：19

　西猯
　科：西猯科　　种：3

　河马
　科：河马科　　种：2

鲸目动物
目：鲸目　　科：11　　种：84

　海豚和齿鲸
　亚目：齿鲸亚目　　种：71

　须鲸
　亚目：须鲸亚目　　种：13

啮齿动物
目：啮齿目　　科：32　　种：2277

　松鼠、花栗鼠
　亚目：松鼠形亚目　　科：4　　种：347

　豚鼠
　亚目：豪猪亚目　　科：18　　种：290

　河狸、更格卢鼠及其近亲
　亚目：河狸亚目　　科：2　　种：62

　小家鼠、大家鼠、跳鼠、旅鼠、仓鼠及亲戚
　亚目：鼠形亚目　　科：7　　种：1569

　鳞尾松鼠及亲戚
　亚目：鳞尾松鼠亚目　　科：2　　种：9

野兔、兔子和鼠兔
目：兔形目　　科：3　　种：93

有胎盘类动物

这一动物群中包含各种各样的动物,从鲸到老鼠、狗、猫,甚至人类。有近4000种已有描述。有胎盘类哺乳动物产下在母体子宫内生长的幼崽。在子宫内,幼崽通过一个专门的器官——胎盘来获取营养,直到它们发育得足够成熟,然后降生于世。

胚胎

精子和卵子相遇,卵子受精,在随后的几天内,不同的脊椎动物之间胚胎的发育惊人地相似。差异非常大的动物,比如鱼、猫和人类,这时,它们的胚胎是相似的,直至胎儿慢慢有了本物种成年时的特征。在有胎盘类动物身上,这个过程是在母体肚子里完成的,有袋目动物则是在出生之后完成的。

3~8 只

在猫的子宫内可以生长发育的胎儿数。有些胎儿在出生前就死去了,这是正常的。

母乳

哺乳动物的一个主要特征就是雌性身上有特殊的能产奶的腺体。乳汁内含有幼崽所需的所有营养物质。物种不同,乳汁的成分也不相同,但通常都含有脂肪、蛋白质、糖和维生素。

1. 当幼崽吃奶时,刺激雌性动物的乳头。
2. 这一刺激经脊髓把信息传给脑垂体,脑垂体分泌一种叫催产素的激素。
3. 激素随着血液输送到乳房。
4. 在乳腺里,催产素引起乳头周围的细胞收缩,向排乳的乳道挤压乳汁。

猫的怀孕过程

在交配后的24~36小时之间,母猫受孕,开始了怀孕过程。妊娠期长达60~65天。

子宫

是位于雌性腹部的一个器官。随着里面胎儿的发育,不断增大。

怀孕过程

16 天
胎儿被绒毛膜和羊膜包围。每个胎儿在它自己的孕囊里成形。
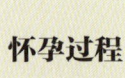

20 天
正在成形的小猫弯曲着身体,这是胎儿最典型的姿势。可以看出头、中间的身子和尾巴。手足和眼睛正在成形。

38 天
神经系统和肌肉系统发育水平很高,胎儿在母亲肚子里活动,伸伸腿,挠挠痒。

哺乳动物（上） 13

推迟怀孕
受精后，如果外部环境比较恶劣，犰狳会推迟妊娠的开始。

复杂的胎盘
怀孕不久之后，胎盘大部分连接着母体和婴儿。在豹子的胎盘中，一张大网连接着两者的组织结构。

羊水
位于羊膜囊内。除了保护胎儿不受外界侵害之外，还为胎儿的生长营造最佳环境。

胎盘
在妊娠期时由一层膜形成。这层膜和包裹爬行动物、鸟类和单孔目动物的卵的膜是一样的。胎盘里有正在成形的胎儿所需的营养物质、氧气和抗体。同时，胎儿也是通过胎盘排出排泄物的。

古老的哺乳动物
最早的有胎盘类动物出现在白垩纪时期，它们的生殖系统和有袋类动物不同，胎儿能在母体中生长发育更长时间。我们最古老的亲戚是一些小型动物，它们主要以昆虫为食，在夜间活动。

羊膜囊
一层薄薄的膜，包裹着生长中的胎儿。

脐带
连接胎儿和母体胎盘的管状结构。由一整组血管构成。它的作用是为正在生长中的胎儿和母亲之间完成物质的传输。

1.25 亿
据估计，现代有胎盘类哺乳动物最古老的亲戚所生活的年代距今年数。

重褶齿猬
生活在8000万~7000万年前，活动在今天的中亚地区。长约20厘米，会挖土：得益于它尖尖的嘴巴和强壮的爪子。以捕捉昆虫为食，也能在潜在的掠食者面前隐藏自己。被认为是现代啮齿目动物的祖先。

家猫
Felis catus

重褶齿猬
有记载的两种中的一种。

63 天
出生时没有毛，皮肤半透明。出生1周后，睁开眼睛，和身体大小比起来，眼睛显得很大。

13 厘米
刚出生小猫的大概体长。

亲戚
始祖兽是有胎盘类哺乳动物最古老的祖先。生活在1.25亿年前。在中国发现了它们的化石。它们被认为是以昆虫为食的，已经适应攀树和灌木。这一习性使得它们能幸免于同期大型动物的口腹之下。

52 天
胎儿有了成年时的行为习惯，比如张开嘴巴或者舔爪子，和成年猫清洁自己时的动作相似。

攀缘始祖兽
估计有胎盘类动物这一祖先重量在20~25克之间。

解剖结构

哺乳动物有一些共同的解剖和生理特征，它们的身体系统有着相似的作用，如吸入氧气、释放能量、消化物质获取营养、排出排泄物等。在骨质结构和肌肉结构的支持下，消化系统、排泄系统、呼吸系统、循环系统、生殖系统和神经系统的所有功能都得到实现。

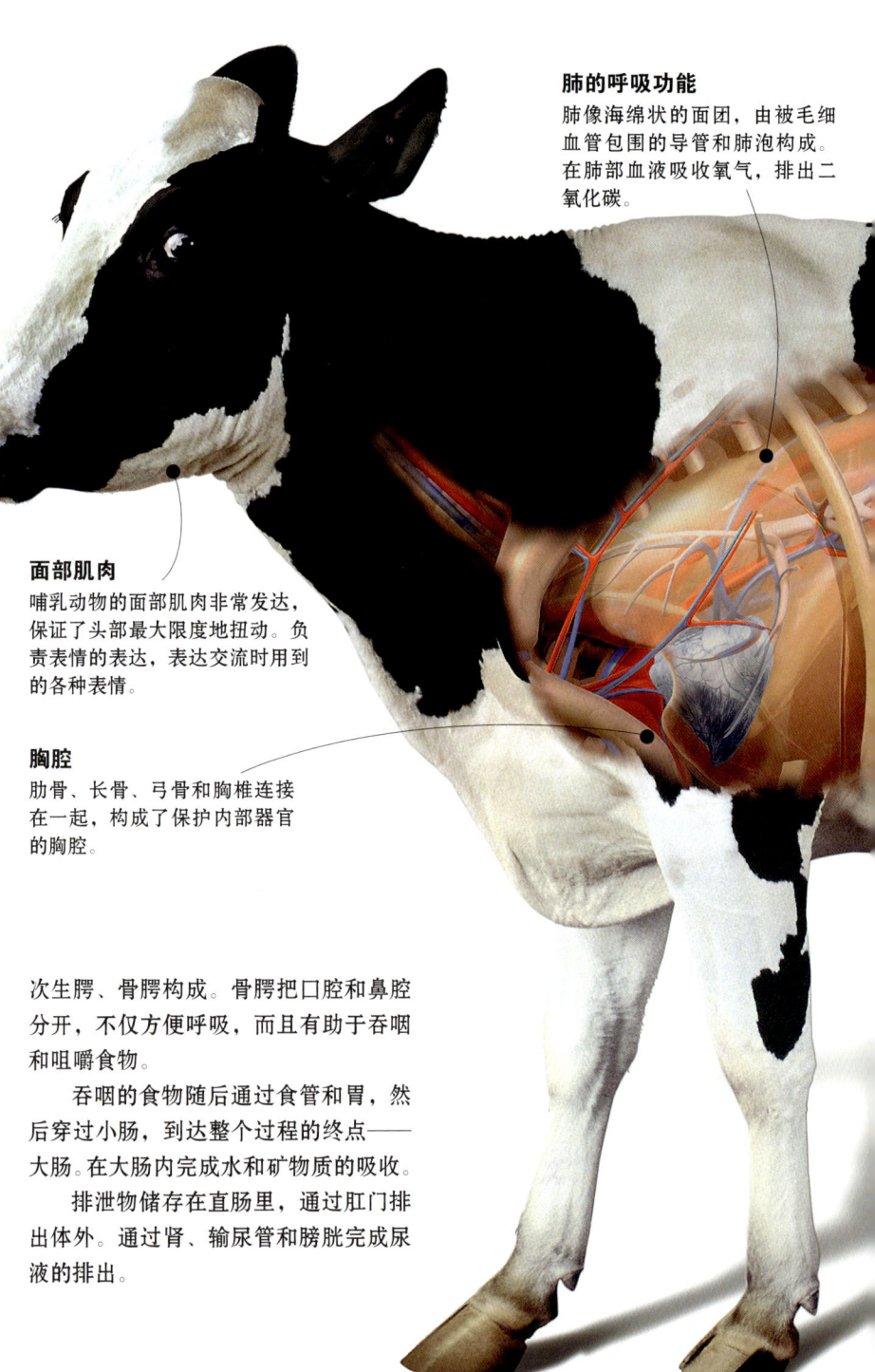

骨骼

和其他脊椎动物相比，哺乳动物头颅骨头的数量明显偏少。这是由于一些骨头合并成一个骨头，另一些则消失了。脑颅腔的进化非常显著，特别是在高等哺乳动物身上，脑容量增大。骨架的支柱——脊柱分为5个椎骨区或椎骨组：颈、胸、腰、骶和尾。除了颈椎组，其他椎骨组骨头的数量变化非常大。通常动物都有7块颈椎骨，只有树懒和海牛例外。但尾骨的数量在3~47之间变化。尽管稍有差别，但所有哺乳动物的骨骼系统的构成是一样的。根据每个物种不同的生活方式，有些骨头的形状不太一样，特别是四肢的骨头，变化非常明显。

肌肉系统

所有哺乳动物的表皮肌肉都特别发达。总体来讲，躯干皮肤之下有一大块覆盖着背部至脖子和头部的肌肉，在皮肤的不同位置，依附着肌腱组织。这块肌肉使得针鼹、犰狳、刺猬的身体能够卷曲。对那些栖息在树上的哺乳动物来说，尾巴是第五肢，像豪猪、南美猴子、树栖蚂蚁和一些有袋动物，尾骨肌非常发达。鲸目动物的腰方肌较长，能把脊柱和最后几根肋骨对应的腰部扭动起来。善跳跃的动物的后肢肌肉异常发达。

消化系统和排泄系统

哺乳动物颌骨的作用就像一个有效的切割撕碎工具。它们的口腔中有唾液腺。唾液腺分泌唾液，有利于吞咽食物，同时也是消化过程的始端。口腔上壁由次生腭、骨腭构成。骨腭把口腔和鼻腔分开，不仅方便呼吸，而且有助于吞咽和咀嚼食物。

吞咽的食物随后通过食管和胃，然后穿过小肠，到达整个过程的终点——大肠。在大肠内完成水和矿物质的吸收。

排泄物储存在直肠里，通过肛门排出体外。通过肾、输尿管和膀胱完成尿液的排出。

肺的呼吸功能
肺像海绵状的面团，由被毛细血管包围的导管和肺泡构成。在肺部血液吸收氧气，排出二氧化碳。

面部肌肉
哺乳动物的面部肌肉非常发达，保证了头部最大限度地扭动。负责表情的表达，表达交流时用到的各种表情。

胸腔
肋骨、长骨、弓骨和胸椎连接在一起，构成了保护内部器官的胸腔。

哺乳动物（上） 15

身体结构

所有哺乳动物都能用肺呼吸，都有向动脉或静脉输送血液的心脏，还有支撑起整个身体的骨骼系统。在牛身上，有分成多室的胃，小肠特别长，这些消化系统的特征符合食草哺乳动物的特征。牛的乳腺被称为乳房。这是负责产奶和存奶的器官。4个乳腺都是相互独立的个体，通过对应的乳头和外部连接。

分成两个腔
横膈膜和肌肉膜把躯干分成两个腔——胸腔和腹腔。横膈膜上有特殊的小孔，食管、主动脉和下腔静脉从中穿过。

肠子
食草哺乳动物和食肉哺乳动物的肠子是不同的。草食动物的小肠要长很多，比如牛的小肠。

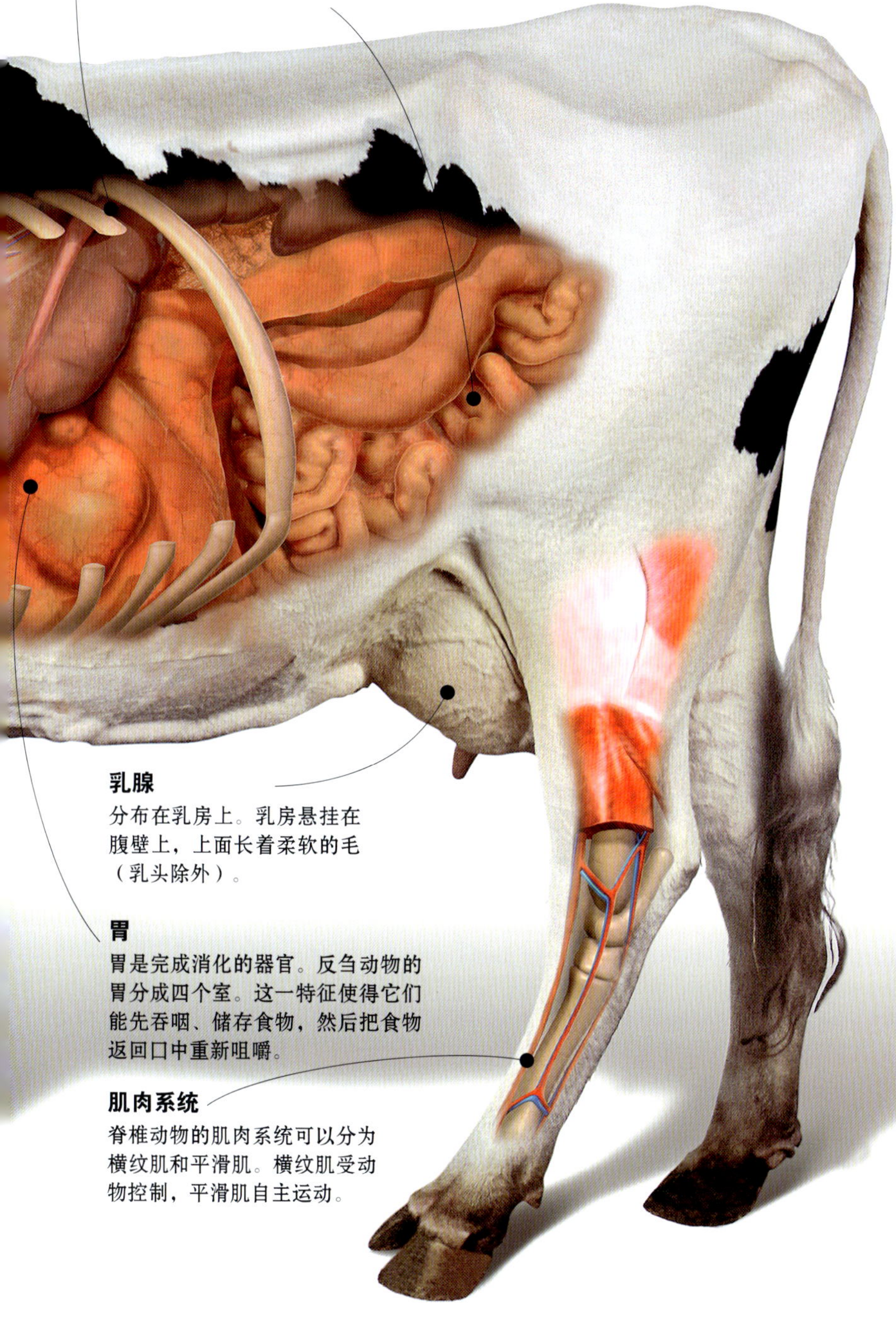

乳腺
分布在乳房上。乳房悬挂在腹壁上，上面长着柔软的毛（乳头除外）。

胃
胃是完成消化的器官。反刍动物的胃分成四个室。这一特征使得它们能先吞咽、储存食物，然后把食物返回口中重新咀嚼。

肌肉系统
脊椎动物的肌肉系统可以分为横纹肌和平滑肌。横纹肌受动物控制，平滑肌自主运动。

飞行和水栖动物的运动

会飞的动物

翼手目（蝙蝠）中的很多动物成功地征服了天空。它们的前肢很长，指头间有一层薄膜相互连接，这层膜使指头变成强有力的翅膀。膜在动物身体两侧延长，和后肢及尾巴连接在一起。胸腔通常较宽，可以生长更多强有力的肌肉，利于飞行。有将近1000种蝙蝠，它们的外形和饮食有很大的差异。

叶口蝠科

水栖动物

一些陆栖哺乳动物逐渐向水栖生活进化。鲸目动物的适应进化最多：流线型的外形，没有明显的脖子，前肢成鳍状，无后肢，但有推动前进的尾鳍。大部分有背鳍。鼻子不是嗅觉器官，长在头顶，使得它们稍微浮出水面就能呼吸。能够降低心跳频率，当它们潜伏在水里时，所需的氧气就会减少。

宽吻海豚 *Tursiops truncatus*

繁殖

所有哺乳动物的受孕过程都是在体内完成的。也就是说，雄性的精子和雌性的卵子的结合是在雌性体内完成的。这种方式给胚胎提供了最大的保护，使它们免受外界的伤害。哺乳动物有三种繁殖方式：单孔目动物产卵，有袋类和有胎盘类动物产下活的幼崽，虽然只有后者有胎盘。所有哺乳动物的幼崽在生命初期都是靠吃母乳来获取营养的。

循环系统

血液在肺部充满氧气后，流入左心房，左心室通过错综复杂的动脉把血液输送到生物体全身。没有氧气的血液通过静脉回到右心房。右心室挤压血液流入肺部，重复这一过程。

哺乳动物的红细胞是圆盘状的，没有细胞核。这样就有更多的空间来输送氧气。除了血液之外，淋巴在淋巴管内循环。淋巴是淡黄色的含有血浆和淋巴细胞的液体，参与机体抗体的形成。

呼吸系统

所有哺乳动物都用肺呼吸。从空气中吸入的氧气通过咽和喉到达肺部，从那里进入气管。气管分成两个支气管，每个支气管在肺的内部又有很多分支。胸膜的收缩和扩张对肺的收缩和扩张起着最主要的作用。

神经和感官

尽管哺乳动物的大脑在动物王国中是最复杂的，但不同的哺乳动物的大脑也是不同的。五大感官（视觉、听觉、嗅觉、味觉和触觉）很发达，这要归功于发达的神经网络，负责向感觉器官输送信号，同时负责感觉器官向神经发送信号。在同一物种之内，由于栖息地和生活方式不同，一些动物的感觉器官要比另一些灵敏。比如，鼹鼠的嗅觉异常灵敏，嘴部的触觉也比较灵敏，这方便

颜色范围

很多哺乳动物的皮毛有多种颜色。普通松鼠皮毛的颜色是整个古北界动物中最为多样的。

它们获取食物；相反的是，它们的视觉并不是很好。

毛发

毛发几乎覆盖了全身。皮毛是皮肤上长出的丝状物。根部粗大，埋在一个小小的叫毛囊的袋子里。毛发的重要作用是隔热和保护。

根据毛发的粗细和柔韧性的不同，外形也有所不同，有不同的名称，鬃毛、羊毛、汗毛、鼻毛等。一些动物通过凝聚或其他方法，毛变成了刺，比如豪猪；或者变成了鳞，比如穿山甲。通常哺乳动物的毛发分两层：长长的外毛和内毛（也叫绒毛）。通常外毛覆盖着内毛。大部分哺乳动物定期换毛，这也就意味着毛的颜色会变。比如北极地区的一些动物，冬天的时候毛变成白色，用雪一样的颜色来隐藏自己。因此，哺乳动物的皮毛有掩护自己的功能。

斑点和条纹就是动物在自然环境中的保护色和保护图案。这可以帮助猎物（比如啮齿目动物）在不被发觉的情况下躲过"狩猎者"，同时也帮助"狩猎者"（比如大型猫科动物）在不被发现的情况下靠近猎物。

毛发对生存来说至关重要，因此，要好好梳理，保持良好的状态。动物用牙齿或爪子弄出毛发里的脏东西和寄生虫（比如跳蚤和虱子），梳开打成结的毛发。

功能适应

根据四肢的解剖学特征，四足哺乳动物和两足哺乳动物有不同的走路方式。爪子和地面的接触分为三种情况：

注
● 胫骨/腓骨　● 跗骨
● 跖骨　　　● 趾骨

蹄行动物
用趾端蹄着地行走。脚印就是蹄印。马的蹄子上有蹄甲。

马

趾行动物
走路时，脚趾（部分脚趾）的表面完全接触地面。一些动物，比如猫，它们的爪子能缩进去。

狗

跖行动物
熊、灵长目动物，包括人类，走路时，脚趾和脚掌的大部分都接触地面，尤其是跖骨。

人类

行走或攀爬
猴子适应了树上的生活，有相对的拇指。人类朝陆地生活进化，脚上没有和其他脚趾相对的拇指。

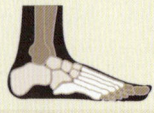

黑猩猩　人类　黑猩猩　人类

皮肤和毛

哺乳动物的皮肤有自己独有的特征，比如持续生长、表皮更换、被毛覆盖、有多种皮肤腺。大部分物种一生身上都有毛，而有些动物只有特定阶段身上才有毛。

皮肤层次

哺乳动物的皮肤由表皮、真皮和脂肪组织或皮下组织三层组成。

表皮
皮肤的最外一层，由扁平的坚实的细胞构成。

真皮
有血管、神经末梢和在皮肤表面分泌油性物质——油脂的腺。

脂肪组织
一种特别组织，通过结膜细胞（脂肪细胞）将能量存储为三酰甘油。

汗腺
当身体发热时，分泌汗液。汗液通过管道排到皮肤表面。

- 毛干
- 汗毛孔
- 角质层
- 鲁菲尼末梢
- 立毛肌
- 动脉
- 静脉
- 毛囊
- 环层小体：脂肪层上的感觉接收器，感受压觉和振动觉。

皮脂腺：分泌油脂，使皮肤保持湿润，防水，保护皮肤。

默克尔细胞：神经末梢，触觉接收器。分布在皮肤上和黏膜上。

乳头层：使真皮固定到表皮上。

- 外毛
- 细毛或绒毛
- 脂肪层

保温：皮肤和毛帮助保存热量，也能隔绝外部热量。比如骆驼，要长时间暴晒在高温下。

毛发和应变：在降雪地区生活的很多哺乳动物的毛是白色的，这是为了隐藏自己。另一些动物，比如北极狐，毛色随四季变化。冬天白色的毛有利于其狩猎。

紫外线：毛发使皮肤免受紫外线照射。

毛发结构

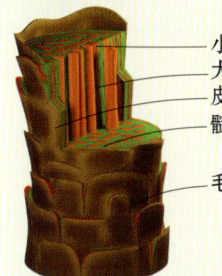
- 小纤维
- 大纤维
- 皮质
- 髓质
- 毛鳞片

多种多样的毛

大部分哺乳动物的毛发中有不同类型的毛。颜色的差异和黑色素有关，密度和气候有关，颜色受环境影响。

蝙蝠的毛：每根毛都有一层由鳞片组成的外层角质层。

北极熊的毛：中间是空的，里面充满空气。这样，内层就具有了保温的功能。

豪猪的刺：适应进化成有防卫功能的刺。被称作守卫之发，在毛发的外面。

小刺：尖利的鳞片。

- 灰狼
- 野兔
- 毛丝鼠
- 羊
- 浣熊
- 海狮（青年期）
- 豪猪

生物学及行为

哺乳动物的行为举止是基因遗传和后天学习的共同结果。嬉戏和成年动物教给幼崽的捕猎和防卫技巧是这一过程中的重要环节。社会组织、交配体制及领地、同伴之间的关系根据每个栖息地的特征以及食物获取量的多少而变化。

先天性行为和后天学习行为

哺乳动物的先天性行为使得它们刚出生时就会吃奶,但是也需要母亲悉心的照顾才能幸存,至少在生命初期是如此。这种把哺乳动物和其他动物区分开来的特征也决定了其群居性:也就是说,成年动物和幼崽之间有着稳定持久的联系。嬉戏对年幼动物的成长有着重要的作用。模仿成年动物、尝试与试错的经验是为了适应成年生活而必不可少的学习机制。一些种类的哺乳动物甚至拥有使用栖息地的材料作为工具的能力。一个明显的例子就是海獭,它们会用石头敲开软体动物的壳。

侵略和统治

有限的资源意味着同类之间的竞争。不管是身体格斗还是威胁性侵略,都是解决冲突的途径之一。很大一部分冲突是非暴力的:多种方式能在不造成伤害的情况下确定统治地位。比如,在两只雄性长颈鹿的争斗中,它们用脖子互相缠绕直至一方获胜,而不会使用有潜在的致命危险的蹄子,这样双方都不会受伤。然而,在其他情况下,斗争则会非常激烈,甚至是你死我活。在群居动物中,统治地位建立在群体的等级制度上,动物首领能优先获取各种资源(食物和发情期雌性的交配权)。

性行为

交配体制按照雌雄两性之间的关系分类。一夫一妻制是指在一段时间内一对夫妻之间的关系。相反,多配制是指一只雄性与多只雌性(多妻)的关系,比如海狮或狮子,或者是一只雌性与多只雄性(多夫)的关系,这种情况在哺乳动物中很少见,只有一些灵长目动物和针鼹是这样的。一些哺乳动物会像某些鸟类一样,在求偶场所或特定区域进行交配。雄性进行求偶表演、互相斗争,与此同时雌性会选择最适合的雄性来交配。独居动物只在交配期才聚在一起。它们会发出信号吸引异性。雄性驼鹿能发出持久的声音,吸引3000米以外的雌性。

群居性和领地

哺乳动物有不同的社会结构组织。一些动物,比如食蚁兽是独居的,只在繁殖期才和同类聚在一起。另一些动物成对生活或者是结成不同规模的群体生活。共同生活的好处:合作狩猎、聚集在一起共同应对恶劣天气、共同制订防卫策略。独居在其他方面也有其优势,比如大型的掠食动物需要大量的猎物才能吃饱,而独居就避免了竞争资源。

社会关系

狮子之间社会关系的稳定性，能使合作捕猎、协调哺养发挥最大的效果。

策略

在一个狮子群中，雌狮子负责大部分的捕猎任务。它们使用多种战略：吓唬猎物或者追捕猎物（超过70千米/时），把猎物引向狮子群其他成员所在的位置，它们已经做好了攻击的准备。合作能使它们捕获大型的猎物。

多样的行为

至关重要的学习行为

嬉戏帮助幼崽幸存下来，因为这能训练它们适应成年生活。肉食动物获得捕猎技巧，草食动物则获取探测危险的能力。灵长目动物是最爱嬉戏的动物。

感官交流

不管是声音、气味还是姿势都被用于同伴之间的交流。比如山地郊狼通过号叫和尖锐的吠声聚集整个狼群成员。

共同生活

在一些社会结构中，以集群合作捕猎的形式来获取食物。比如非洲野犬，也叫杂色狼，它们相互合作进行捕猎，野犬群的大小决定捕获猎物的多少。

先天技能

出生后约10分钟，小斑马就能站起来，不久之后，它就能走路了。这种功能适应使得它们能集体防御掠食者。

建筑师

很多哺乳动物用草、树干和泥建造睡觉或产崽用的窝。草原犬鼠组成庞大的以家庭为单位的体系，多达1000只个体生活在一起。

群体教育

在一些动物中，照顾幼崽是群体的事。成年巨獭会教整个群体中3个月大的幼崽捕鱼，会用受伤的鱼训练它们。

生命周期

大部分哺乳动物是有胎盘类动物。幼崽在母亲腹部（子宫）完成发育：出生时已经成形，很多动物出生后不久就能行走。而有袋类动物有另一种繁殖方式：幼崽出生后，在母亲的育儿袋内继续生长发育。其他哺乳动物，比如鸭嘴兽和针鼹则产卵。

有胎盘类动物

有胎盘类动物在哺乳动物中占大多数，是地球上繁殖最多的动物。有胎盘类动物总体上是一夫多妻的：少量的雄性（最具竞争力的）使很多雌性受孕，另一些雄性则没有这个机会。只在少数的一夫一妻的哺乳动物中，雄性协助照顾幼崽；当资源匮乏时雄性也会这样做。

哺乳期——25~30 天
只吃奶，直到能消化固体食物，也就是到20天大的时候。35 天或40 天大的时候幼崽离开兔窝，待在幼崽区内（归家冲动）。

断奶——35~40 天
哺乳期结束之后，幼崽仍和母亲生活在一起。受到母亲的保护，学习该物种的举止行为。

9~12 年
这是一只兔子可以存活的年数。

性成熟——5~7 个月
兔子吃得越好，就越早达到性成熟。一般8~9个月大的时候已达到成年，重约900 克。

雌兔子随时可以接受交配。

有4~5 对乳头。

妊娠期——28~33 天
在一个集体洞穴（养兔场或兔子洞）内度过妊娠期。这是一个在土里挖的洞，洞口覆盖着草和毛。一旦哺乳期结束，雌兔就会离开这个洞穴。

10厘米

出生时，身上无毛，皮肤是半透明的。

出生
出生时，小兔重40~50 克。

3~9 只
这是一窝小兔子的个数，一只兔子一年可以生产5~7窝。

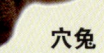

穴兔
Oryctolagus cuniculus

哺乳动物（上） 21

长寿的哺乳动物
鲸鱼的平均寿命是90岁，它们是最长寿的哺乳动物。

幼崽夭折
在雌象海豹分娩后不久，象海豹在地面上进行交配。很多时候会把小象海豹压死。

有袋类动物
妊娠期非常短，随后在一个特殊的部分开口的袋子（育儿袋）里生长，育儿袋长在雌性腹部。

哺乳期——22 周
育儿袋内有一块肌肉防止幼崽掉下来。22周大的时候，幼崽睁开眼睛，开始吃一种草做的粥状食物。

哺乳期后期，毛覆盖了幼崽全身。

妊娠期——35 天
幼崽需要自己从雌性的泄殖腔爬到育儿袋内，完成发育。

2 厘米

幼崽抓住母亲，由母亲托住，转个圈，爬到母亲背上。

离开育儿袋——1 岁
幼崽长到能独自站起来的大小。已经能吃草。雌性再次怀孕，幼崽待在附近。

性成熟——3~4 岁
2 岁时，有成熟的性器官。但是直到一或两年之后才开始交配。

一些雌性出去寻找强壮的雄性。

领头树袋熊和所有的雌性交配。

树袋熊
Phascolarctos cinereus

1 只幼崽
一次产1只，一年产1次。

产崽数
总体上，幼崽的数量和动物体形的大小成反比。

		6~12 只幼崽
	5~7 只幼崽	
2~3 只幼崽		
1 只幼崽			
牛	羊	狗	老鼠

妊娠期
有胎盘类动物的妊娠期要比有袋类动物的长很多。

动物	月
大象	23
长颈鹿	17
长臂猿	9
狮子	7
狗	2

单孔目动物
雌性产卵的哺乳动物通常是独居动物。雌性短吻针鼹实行一妻多夫制。

孵化期——12 天
前期的妊娠期是1个月。产卵后，雌性卧在卵上，保持卵的温度。

刚出生的小针鼹

卵壳

四肢没有发育。

在育儿袋内——2~3 个月
破壳而出之后，幼崽继续待在雌性的育儿袋内吃奶。

位于地下或岩石中的洞穴。

毛已呈刺状。

断奶——4~6 个月
3 个月后，幼崽可以离开洞穴，或者独自在洞穴内待上一天半，直至最终离母亲。

15 毫米

1-3 枚
一次产卵数

澳洲针鼹
Tachyglossus aculeatus

寿命
体形大的物种通常比体形小的更长寿。

种	年数
人类	70
大象	70
马	50
长颈鹿	20~26
猫	15
狗	12~15
仓鼠	3

濒危哺乳动物

根据世界自然保护联盟（IUCN）濒危物种红色名录，几乎每四种哺乳动物中就有一种面临完全灭绝的危险。主要原因是：污染、乱砍滥伐以及偷猎造成的栖息地的破坏。在几乎所有的重要动物群中都有受到严重影响的物种。灵长目动物的处境最危险。

受影响地区

热带雨林地区的生物多样性最丰富，在那里生活着大部分濒临灭绝的哺乳动物。世界自然保护联盟（IUCN）每四年更新一次全世界物种的状况。根据2008年的报告，估计世界所有哺乳动物种类中近1/4处于濒危状态。自1500年以来，至少有76种哺乳动物消失，可见问题的严重性。

地球上的热带雨林地区集中在中美、南美、撒哈拉以南非洲及亚洲东南部。然而澳大利亚却是哺乳动物灭绝数目最高的国家。

人为因素

在动物王国自然进化史上也有很多大规模灭绝的记录。实际上，在我们地球上生活的哺乳动物中的大多数都已经消失。然而，如今动物灭绝速度飞快，不同往日：人为因素造成越来越多的物种灭绝或处在濒危中。

从史前时期起，人类的活动就造成了大量哺乳动物灭绝；随着人类居住范围的扩大，打猎引起很多哺乳动物种类消失或处在危险之中。例如，自人类穿越白令海峡向北美洲进发后，造成河狸、长角野牛、真猛犸象和乳齿象的灭绝。

然而，在现代特别是世界范围内工业化进程中，为了获取食物或生存对动物的直接屠杀并不是造成动物处于危险中的主要原因。相反，自然栖息地的破坏、各种各样的污染才是对整个地球所有物种的最主要的威胁。

令人不安的数字

根据世界自然保护联盟的一份最新报告，188种哺乳动物处在极危中，其他448种处在严重濒危中。

- 22.2% 1219种处在濒危中或濒临灭绝
- 77.8% 4268种没有危险或没有资料

黑足鼬
Mustela nigripes
在20世纪80年代濒临灭绝，如今几乎没有在野外出生的幼崽。草原犬鼠是其主要食物，草原犬鼠数量的减少是它们面临的最主要威胁。

注
- ● 极危的哺乳动物
- ● 灭绝种类已超过10种
- ○ 灭绝种类达10种

鲸目动物

生活在海边和淡水里的小型鲸目动物是这一个群体中受威胁最大的动物。加湾鼠海豚（*Phocoena sinus*）很有可能是下一个灭绝的鲸目动物，因为野外只剩下大约150只。相反，近几年来，随着保护和防止打猎措施的加强，座头鲸和露脊鲸所受的威胁有所下降。

灵长目动物

灵长目动物是哺乳动物中受影响最大的动物。热带森林的破坏和野生物种及其肉类的非法贸易，造成几乎一半（49%）的物种处在危险之中。情况最严重的是越南的白头叶猴（*Trachypithecusp poliocephalus*）和马达加斯加的北鼬狐猴（*Lepilemur septentrionalis*），据估计，每一种剩下不到100只。

猩猩
猩猩属

苍羚
Nanger dama
处在极危之中，面临着严峻的灭绝危险。在最近10年，苍羚数量减少了80%。

大熊猫
Ailuropoda melanoleuca
据估计，野外生活的大熊猫不到2500只，因此被列为濒危物种。栖息地（中国）环境的破坏、竹子的砍伐（竹子是它们最主要的食物）是它们生存最主要的威胁因素。

倭河马
Choeropsis liberiensis
倭河马的状况从20世纪90年代的易危变成最近几年报告中的濒危。几内亚地区的狩猎和栖息地的乱砍滥伐加剧了倭河马数量的下降。

蓝鲸
Balaenoptera musculus
尽管有保护措施，但直接捕捞和非法狩猎在19世纪后半叶和20世纪前半叶仍是蓝鲸面临的最大威胁。尽管现在蓝鲸的数量在增长，但依然被列为濒危动物。

在本卷

一些卵生哺乳动物、有袋类动物和食虫动物也面临着灭绝的危险。栖息地引进的掠食动物，比如狐狸和斑猫是袋食蚁兽等物种的威胁因素之一。森林地区变成耕地对麝鼩和长吻针鼹等物种造成影响。根据世界自然保护联盟的分类，长吻针鼹属于极危物种。

单孔目及有袋目动物

这两种分布范围较小的哺乳动物，在繁殖和生长方式上和有胎盘类动物有所不同。单孔目动物产卵，有袋目产下发育不太成熟的幼崽。在接下来的内容里我们将介绍针鼹、鸭嘴兽、树袋熊、袋鼠、袋狸、袋鼯、沙袋鼠和毛鼻袋熊。

卵生哺乳动物

门：	脊索动物门
纲：	哺乳纲
目：	单孔目
科：	2
种：	5

单孔目动物和其他哺乳动物相比，有很大的不同：它们是唯一产卵而不是产崽的哺乳动物。这一群体中包括鸭嘴兽和针鼹。和爬行动物有些相似，比如有些骨头交叉。但和其他哺乳动物一样，也是恒温动物，全身被毛。尽管没有乳头，但也利用乳腺喂养幼崽。

防卫的刺
遇到危险，它会在地面上垂直刨洞，直至天敌只能看到短吻针鼹身上的刺。如果地面过于坚硬，就蜷缩成球来防御。

短鼻
鼻子的长度可以达到脑袋长度的一半。鼻孔相对较大。

Tachyglossus aculeatus
短吻针鼹

体长：35~53厘米
尾长：9厘米
体重：2.5~7千克
社会单位：独居
保护状况：无危
分布范围：澳大利亚大陆、塔斯马尼亚和新几内亚岛

也被称作普通针鼹，这种卵生哺乳动物全身被短毛和长刺覆盖。能够适应多种环境并生存下来（从半干旱地区到山地）。大部分时间在洞穴和地下通道里度过。小小的眼睛位于短吻根部，嘴巴位于相反的方向。嘴巴的开口很窄。根据不同的亚种和所在地，雌性或雄性可能会更大一些。用它又细又长又黏的舌头捕捉蚂蚁和白蚁为食。也可以用它的腿和强大的爪子扒开蚁巢。在交配期，短吻针鼹散发出强烈的气味；几只雄性会相互竞争直到只剩下一个胜利者，然后和争抢过来的雌性交配。怀孕之后，雌性只能产下1枚卵，然后在育儿袋里孵卵，直到幼崽浑身长满刺。

解剖

它们的共同特征是短腿、短尾巴、小眼睛、小耳朵或者没有耳朵。消化、泌尿和生殖都在同一个腔内,这个腔被称为泄殖腔,腔上有一个排泄孔,单孔目由此而得名。单孔目动物是两类有毒动物中的一类。从产下软壳的卵到孵化大概需要10天的时间。针鼹把卵放在雌性的育儿袋中。鸭嘴兽在春天交配,一只雌性鸭嘴兽产下的卵多达3枚。针鼹冬天交配,一只雌性针鼹只产下1枚卵。

饮食

鸭嘴兽主要吃甲壳虫和这些昆虫的幼虫。它靠触觉敏感的鸭嘴来获取食物。成年鸭嘴兽没有牙齿,用嘴内的角质板或牙龈咀嚼食物;短吻针鼹以蚂蚁、白蚁和蚯蚓为食,它可以用爪子找到食物;长吻针鼹几乎只吃蚯蚓。单孔目动物的幼崽以母乳为食,这是哺乳动物的特征之一。鸭嘴兽的幼崽吃母乳3~4个月,针鼹则是6个月。

分布

卵生哺乳动物有3属和5种。分布在澳大利亚大陆、新几内亚岛和塔斯马尼亚。针鼹生活在不同的栖息地:短吻针鼹生活在多岩石、多林和多沙地区,分布在澳大利亚的东部海岸和新几内亚岛的中部和东部地区;长吻针鼹只生活在新几内亚岛。鸭嘴兽居住在多个栖息地的淡水源头地区,比如塔斯马尼亚寒冷的山区、澳大利亚东部海岸的热带雨林地区,它一生中的大部分时间是在水中度过的。

Ornithorhynchus anatinus

鸭嘴兽

体长:30~45厘米
尾长:10~15厘米
体重:0.5~2千克
社会单位:独居
保护状况:无危
分布范围:澳大利亚东部、塔斯马尼亚、袋鼠岛和国王岛

因其外表,鸭嘴兽成为现存哺乳动物中最为奇特的动物。有鸭子的嘴,海狸的尾巴以及鼹鼠的皮毛。是半水栖动物,因此,它的四肢既适应水中生活又适应陆地生活。鸭嘴兽在夜间活动。尽管它的嗅觉感应器要比大部分哺乳动物小,但其在水中的嗅觉能力有利于它寻找食物。它们把从水中捕到的食物藏到腮里。主要在水中捕食昆虫的幼虫,当储存了足够的食物或捕捉到一个大型的猎物时,就会浮上来大快朵颐。鸭嘴兽一天中的大部分时间都用来寻找食物,因为它每天要摄入自身体重20%的食物。

鸭嘴兽一年中的大部分时间是独居的,只在每年的3个交配期才成对生活在一起。与在育儿袋或育儿囊中孵卵的针鼹不同,雌性鸭嘴兽会挖一个用来放卵的洞穴。一般会产下2枚卵。经过两个星期的孵化,小鸭嘴兽诞生,开始进入哺乳期:雌性没有乳头,幼兽直接吸食雌性腹部毛孔里分泌的乳汁。

大约4个月后,幼兽开始自己觅食,以蚂蚁和其他无脊椎动物为食。在野外,可以活20年左右。

陆生
尽管一天中大部分时间在水中度过,但它住在一个靠近岸边的洞穴里。

游泳健将
潜游时,鸭嘴兽会合上沟纹,沟纹处有它的眼睛和耳朵。用前肢发力,用后肢和尾巴控制方向。

敏感的喙
像扫描器或接收器,能察觉到猎物的活动。

可折叠的蹼
它的脚上有薄膜似的蹼,游泳或潜泳时展开,在陆上行走或挖洞时把蹼合上。

毒刺
雄性和雌性鸭嘴兽的脚踝部都有刺,但只有雄性能释放出毒液。尽管它们主要用毒液削弱对手,但这对小型动物来说是致命的。

有袋目动物

最初它们被认为是同一目的动物，现在把它们分成有袋下纲中的7个目。袋鼠和树袋熊是这一多样群体中最有名的动物。和有胎盘类动物最大的区别在于它们的繁殖系统：有胎盘类动物的胎儿在胎盘里已经发育得比较成熟，而有袋目胎儿出生较早，大部分情况下，在育儿袋或育儿囊中度过较长的哺乳期来继续发育生长。

门：	脊索动物门
纲：	哺乳纲
亚纲：	兽亚纲
下纲：	有袋下纲
目：	7
种：	292

离开育儿袋之后
断奶之后，幼崽还要和母亲共同生活几个月。

共同特征

有袋目动物群中包括各种各样的动物，比如袋鼠、负鼠、袋熊和袋狸。尽管解剖学特征不同，但它们都没有胎盘。大眼睛、长耳朵，大部分动物的后肢长。颌骨上的切牙比有胎盘类动物多，头部相对较小，体温较低，代谢较慢。有袋目动物产下幼崽，也有喂养幼崽的乳头，这和除了单孔目之外的其他哺乳动物一样。幼崽出生时几乎还是胚胎，通常不到雌性体重的1%。在母体腹部之外靠吸食乳汁来继续发育。大部分有袋类动物有一个袋，这个袋被称为育儿袋，用来携带刚出生的幼兽直到它们发育成熟。

起源和多样化

尽管在其他大陆也发现了有袋目动物的化石，但其在冈瓦纳大陆取得了独特的发展。后来由于大陆分离，南美洲在近6000万年间，和其他地区保持隔绝状态。大约300万年前，中美洲大陆桥形成，有胎盘类物种进入南美洲，造成了南美洲很多有袋目和这一地区特有的其他目哺乳动物的消失。而大洋洲的隔绝状态保持到了今天，因此，这一大陆的有袋目动物占据着其他地区有胎盘类动物所占据的地位。

南猊，生活在智利和阿根廷巴塔哥尼亚丛林，是微兽目唯一现存的成员。遗传研究表明，与南美洲的有袋目相比，南猊更接近于澳大利亚的有袋目。这和南极洲有袋目动物化石的发现共同支持了在大约8000万年前这一物种生活在同一片大陆的理论。

雌性的繁殖系统
有2个卵巢，2个子宫，每一个都有自己的阴道。通过一个分开的中心通道产下幼兽。

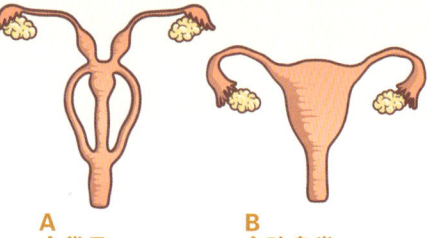

A 有袋目
两个繁殖系统。

B 有胎盘类
单个繁殖系统。

运动方式

有袋目动物发展进化了多种运动方式。树袋熊和负鼠会攀爬，袋鼠和沙袋鼠用后肢蹦跳，跳时用作为四肢延长部分的长长的中趾。袋鼠、负鼠、袋熊、树袋熊和袋狸是并趾动物：后足的第二趾和第三趾连在一起，但是有2个爪子。一些负鼠爪间有薄膜，以此可以从一棵树滑翔到另一棵树上。生活在南美洲热带雨林中的蹼足负鼠，爪间有蹼，可以在水中灵活地游泳和潜游。

哺乳动物（上） 27

Didelphis virginiana
北美负鼠

体长：33~50 厘米
尾长：25~54 厘米
体重：2~5.5 千克
社会单位：独居
保护状况：低危
分布范围：美国西部、中部和东部，墨西哥以及中美洲

　　杂食性有袋目动物，主要以果实、昆虫、小型脊椎动物、卵和腐肉为食。夜间活动，独居，虽然也是攀缘能手和游泳健将，但大部分时间生活在陆地上。皮毛的颜色会在灰色、红色、咖啡色及黑色之间变化。尾巴长，用来抓东西，尾巴上无毛或只有少量的毛。雌性要比雄性小一些，尽管只有13个乳头，但一窝可以产下18只小负鼠。幸存下来的负鼠要哺乳50天，70天的时候离开育儿袋。当遇到威胁时，它们的防御手段就是装死：蜷缩着身子，一动不动，对外界刺激毫无反应，它们能保持这一姿势长达6个小时；甚至从肛门排出恶臭的液体，使掠食者不能靠近。主要居住在森林里水源附近，在城市地区也能见到它们在垃圾堆里翻寻食物残渣的身影。

强有力的爪子
5个脚趾，每个上面都有爪。后肢的脚趾几乎是垂直的。

短而硬的耳朵
长且粗糙的毛
尖吻

Didelphis marsupialis
黑耳负鼠

体长：26~45 厘米
尾长：25.5~53.5 厘米
体重：4~5.8 千克
社会单位：独居
保护状况：无危
分布范围：中美洲、南美洲中部和北部

　　为夜间活动动物，食物主要包括果实、蚯蚓、昆虫、两栖动物甚至蛇。和北美负鼠不同，它们防御的时候不会装死，而是采取张着大嘴的凶恶姿势，会袭击并咬住侵略者。

Philander opossum
灰林负鼠

体长：25~35 厘米
尾长：25~35 厘米
体重：450 克
社会单位：独居
保护状况：无危
分布范围：中美洲、南美洲直至阿根廷东北部的雨林地区

　　夜间活动，独居，不仅能栖于树上，也在陆地上活动，还是"游泳健将"。杂食性动物。脊背的毛呈淡灰色，腹部的则是浅黄色。有长长的善于抓握的尾巴。生活在热带和温带的森林里。

Marmosa murina
林氏鼠负鼠

体长：11~14.5 厘米
尾长：13.5~21 厘米
体重：40~60 克
社会单位：独居
保护状况：无危
分布范围：南美洲北部和中部

　　毛短且光滑，尾巴长长的，用于抓握。生活在地面和植被层下面，很多时候栖居在热带雨林的路边和其他被改变的环境中。攀登速度快而敏捷。它们的食物包括昆虫、蜘蛛、蜥蜴、鸟类的卵及一些果实。

Caluromys philander
南美毛负鼠

体长：16~28 厘米
尾长：25~41 厘米
体重：1.4~3.9 千克
社会单位：独居
保护状况：无危
分布范围：南美洲和中美洲

　　也被称作负鼠或裸尾毛鼬。大部分时间在树上度过。毛色发红，头部的毛是灰色的，从嘴巴到前额有一条黑纹。以无脊椎动物和小型脊椎动物及花蜜、果实为食。为了获取食物，借助善于抓握的尾巴，能爬到最高的树枝上。

Dasyurus viverrinus
东袋鼬
体长：35~45 厘米
尾长：21~30 厘米
体重：0.6~1.6 千克
社会单位：独居
保护状况：近危
分布范围：塔斯马尼亚

　　澳洲本土动物，现在或许只幸存于塔斯马尼亚。瘦长、敏捷，是这一属中体形最大的一种。雄性比雌性重50%。毛色呈棕色或黑色，除了尾巴外，身上有白色斑点。主要以昆虫、小型脊椎动物、果实和腐肉为食。生活在热带雨林、森林、灌木丛和牧草茂盛的地方。在夜晚捕食、活动。雌性可生下 24 只幼崽，但由于只有 6~8 个乳头，所以一窝只能存活 6~8 只。幼崽在育儿袋里生活 8 周，在这之后当母亲出去找食物时，它们就待在窝里，等母亲回来喂它们。

Sminthopsis crassicaudata
脂尾袋鼩
体长：6~11 厘米
尾长：5~12 厘米
体重：10~20 克
社会单位：独居
保护状况：无危
分布范围：澳大利亚

　　生活在森林里、灌木丛中及牧草茂盛的地方。以蚯蚓、昆虫及其他小型脊椎动物为食。在夜间捕猎。是体形最小的有袋目动物之一。有一条粗粗的尾巴，可以在里面储存脂肪。只要自然环境允许，雌性可以在 6 个月内不断生产。妊娠期在 13~16 天之间，一窝可以生下多达 10 只小袋鼩。幼兽在母亲育儿袋里生活大约 37 天，在 65~69 天之后，分散到出生地的各处。

Dasyuroides byrnei
鬃尾袋鼬
体长：13.5~18 厘米
尾长：11~14 厘米
体重：70~150 克
社会单位：独居
保护状况：易危
分布范围：澳大利亚中部

　　也被称作脊尾袋鼠。毛浓密发黑。藏身在用自己尿液、粪便、腺体分泌物的气味做标记的洞穴里。是食肉动物，捕捉大型猎物，比如蜥蜴、鸟和啮齿目动物。用前爪抓住猎物，然后咬死它们。通过牙齿打战声、口哨声和尾巴的摆动进行交流。

Dasycercus cristicauda
脊尾袋鼬
体长：12~22 厘米
尾长：7~13 厘米
体重：60~170 克
社会单位：独居
保护状况：无危
分布范围：澳大利亚西部和中部

　　脊背的毛呈棕色，腹部的毛近似白色。尾巴又粗又肥，尾尖有一撮黑色的毛。脊尾袋鼬住在简易的洞穴中，有时有好几个通道和入口。生活在干旱地区的牧草中。夜间捕猎小的啮齿目动物、蜥蜴、鸟、昆虫和蜈蚣。在 30 天的怀孕期后，雌性可以产下 6~8 只小袋鼬。

Neophascogale lorentzii
长爪袋鼬
体长：16~23 厘米
尾长：17~22 厘米
体重：200~250 克
社会单位：独居
保护状况：无危
分布范围：新几内亚岛

　　白天挖洞找蚯蚓、蠕虫和其他猎物。每只脚上都有长长的爪子，它们的名字就源于此。用爪子来获取食物。毛是深灰色或浅灰色，中间夹杂着长长的亮色的毛，耳朵后面的毛完全是白色的。在海拔 1500~3400 米高的森林里可以看到它们的身影，主要生活在树上。雌性一窝可产多达 4 只小袋鼬。

哺乳动物（上） 29

Sarcophilus harrisii
袋獾

体长：52~80 厘米
尾长：23~30 厘米
体重：4~12 千克
社会单位：独居
保护状况：濒危
分布范围：塔斯马尼亚

强大的颌骨
有突出的犬齿，用犬齿撕咬猎物的皮，咬碎猎物的软骨和骨头。

是有袋目最大的食肉动物，因其力量而与众不同，能捕捉到各种体形的猎物，从昆虫、蛇到负鼠。在受到威胁时，以及在和同伴争抢腐肉时，会发出刺耳的咝咝声和叫声。散发出刺激气味，嗅觉异常灵敏。袋獾栖居在岩石或树根中挖的洞穴中，在夜间活动。雌性的妊娠期为1个月，用育儿袋中的4个乳头哺养幼兽。

Myrmecobius fasciatus
袋食蚁兽

体长：17~28 厘米
尾长：13~21 厘米
体重：300~600 克
社会单位：独居
保护状况：濒危
分布范围：澳大利亚西南部

长长的胡须
黑暗中，当在草丛中翻寻的时候，胡须有助于侦察到猎物的存在。

指头的数量
前爪上有5个指头，后爪上有4个。

Dasyurus hallucatus
澳洲袋鼬

体长：24~35 厘米
尾长：21~31 厘米
体重：300~900 克
社会单位：独居
保护状况：濒危
分布范围：澳大利亚北部

夜间活动，活动范围主要在陆地上，栖息在多岩石地区及桉树林里。通常在树洞里或废弃的建筑物里筑巢。捕食大型啮齿目动物和其他有袋动物、爬行动物及无脊椎动物。雌性没有育儿袋，但是能长出皮肤褶皱用来放幼崽：一年多达8只。

Planigale maculata
侏袋鼬

体长：7~10 厘米
尾长：6~9 厘米
体重：11~15 克
社会单位：独居
保护状况：低危
分布范围：澳大利亚北部和东部

生活在大草原、牧草茂盛的地方、森林里和雨林中。以昆虫、蜘蛛和小型爬行动物为食。灰色或肉桂色的毛覆盖全身，尾巴上的毛分散且稀疏。妊娠期为20天，根据雌性乳头的数量，可以生下5~11只小袋鼬。幼崽在育儿袋中生活1个月，哺乳期长达290天，这要比相似种类的动物长一些。

也被称作条纹食蚁兽，生活在桉树林和开放的牧场。嘴巴小，有一条又长又黏的舌头。在用长长的爪子挖开蚁穴之后，用舌头捕食白蚁和蚂蚁。有52颗小小的不对称的牙齿，这比任何一个陆生哺乳动物的牙齿都多。它们的头相对较大。独居动物，不和同性同伴共享领土。和其他澳洲有袋目不同，它们在白天活动，寻找食物。活动敏捷，能灵活地在树上攀爬。妊娠期为14天。雌性一年生产一次，一次产下2~4只幼崽。没有育儿袋：前4个月幼崽紧贴着乳头，母兽用长长的毛保护它们。之后在窝里再哺乳2~3个月。

保护
据估计，全世界只有不到1000只袋食蚁兽。在它们的栖息地引进的赤狐是它们最主要的威胁。

Vombatus ursinus
袋熊

体长：70~120 厘米
尾长：2~3 厘米
体重：25~40 千克
社会单位：独居
保护状况：无危
分布范围：澳大利亚东部、塔斯马尼亚

角状的宽大的脑袋，健壮的身体，带爪子的短短的四肢，袋熊是"挖洞专家"：它的洞穴通常只有一个入口，但在地下有很多分支，分支长度可达 200 米。是独居动物，成年雄性会追赶入侵者，把它们逐出自己的领地。袋熊在小溪边和山谷上的山丘安家，冬天有长时间躺着晒太阳的习惯。它的鼻子和熊很像，上面没有毛。皮肤粗厚密实，毛是带有浅灰的棕色。小眼睛、圆耳朵、短尾巴。以牧草、草根、块茎为食，主要在夜间进食。雌性通常只能产下 1 只幼崽（妊娠期大约为 20 天）。幼崽在育儿袋中生活 6~7 个月，在之后的 90 天内，有时候还会回到育儿袋中。随后，继续吃奶直到 15 个月大。

Lasiorhinus krefftii
昆士兰毛鼻袋熊

体长：102~107 厘米
尾长：2.5~6 厘米
体重：25~40 千克
社会单位：独居
保护状况：极危
分布范围：澳大利亚

健壮有力，大脑袋，小眼睛，尖耳朵。视力不佳，但是听觉和嗅觉敏锐。会建造错综复杂的地道和洞穴。食草动物，吃不同的牧草。雌性一年产 1 只幼崽，在随后的 6 个月把它放在育儿袋里。

粗糙的毛
不管是雄性还是雌性，都有浓密厚实的毛。

Macrotis lagotis
兔耳袋狸

体长：30~55 厘米
尾长：20~29 厘米
体重：1~2.5 千克
社会单位：成对
保护状况：易危
分布范围：澳大利亚西部和中部

突出的兔耳朵是它最显著的特征。长长的后肢上有 3 种颜色。白天挖大大的洞穴，把自己藏在洞里。是杂食动物。生活在干旱地区，比如沙漠、沙丘和牧草茂盛的地方。独居，但有时候会和雌性生活在一起。嗅觉异常灵敏，听觉异常敏锐。在 2 周的妊娠期后，雌性生下 2 只幼崽，幼崽在育儿袋中生活 80 天。

Echymipera kalubu
刺袋狸

体长：20~38 厘米
尾长：5~12.5 厘米
体重：0.5~1.5 千克
社会单位：独居
保护状况：无危
分布范围：新几内亚岛及周围的岛屿

白天躲在洞中，夜晚觅食。食物包括果实、浆果及其他植物。比其他袋狸的嘴巴长，毛发坚硬厚实，尾巴光滑无毛。在同类竞争者面前会有攻击性。妊娠期为 120 天。

Perameles nasuta
长鼻袋狸

体长：31~42 厘米
尾长：12~15 厘米
体重：1~1.5 千克
社会单位：独居
保护状况：无危
分布范围：澳大利亚东部

是同属中体形最大的袋狸。和其他袋狸相比，毛发颜色的变化少。独居，夜晚进食，食物为无脊椎动物和植物块茎。善挖洞，把长鼻子插进洞中获取食物。生活在热带雨林潮湿或干燥的森林中。雌性妊娠期短（12 天），一次产下 1~4 只小袋狸。

哺乳动物（上） 31

Dactylopsila trivirgata
纹袋貂

体长：24~28 厘米
尾长：31~39 厘米
体重：470 克
社会单位：独居
保护状况：无危
分布范围：澳大利亚东北部和新几内亚岛

身上有白色和黑色的条纹，浓密的黑色尾巴，尾尖是白色的。生殖腺会散发出一种刺激性的恶臭。在树枝上吃蠕虫、蚂蚁和白蚁。用前肢上的爪子在木头上挖洞，获取食物。为树栖动物，生活在多雨的森林里。

Lasiorhinus latifrons
毛鼻袋熊

体长：77~95 厘米
尾长：3~6 厘米
体重：19~32 千克
社会单位：群居
保护状况：无危
分布范围：澳大利亚南部

是袋熊中最具社会性的：5~10 只成群生活在一起。住在错综复杂的洞穴里，洞穴的长度可达 30 米。夜间活动，食物主要为牧草、杂草和草根。它的名字来自像丝绸一样的皮毛，毛发为棕色和灰色。雄性健壮，在同类面前具有攻击性。雌性妊娠期为 21 天，幼崽在育儿袋中生活 8 个月，哺乳期为 15 个月。

Petaurus norfolcensis
鼠袋鼯

体长：18~23 厘米
尾长：22~30 厘米
体重：200~300 克
社会单位：群居
保护状况：无危
分布范围：澳大利亚东部

一层带毛的膜把前肢的第五趾和后肢连起来。展开这层膜，鼠袋鼯能从一棵树上滑翔到另一棵树上抓住猎物。它能滑翔 50 米。长长的尾巴上有柔软的皮肤，和松鼠的很像。尾巴具有和方向舵一样的作用。脊背的毛呈浅灰色，中间有一道黑毛。是杂食动物，以昆虫（尤其是甲虫和毛虫）和在树上找到的小生物为食，还吃草汁、花粉和种子。夜间活动，生活在树洞的窝里，洞口盖着树叶。群居，一个群里有 1 只雄性和 1~3 只雌性以及它们的幼崽。通过鼻子发出的汩汩声和咕噜声进行交流。在不到 3 周的妊娠期之后，雌性产下 1~2 只幼崽。幼崽在育儿袋里生活 3 个月，再过 1 个月后断奶。幼崽在大约 85 天的时候睁开眼睛，大约 110 天的时候开始和母亲一起出去找食物。

飞膜
可伸缩的结实的皮膜，展开时通过滑翔进行移动。

方向舵尾巴
善于抓握，在从一棵树滑翔到另一棵树时，能控制方向。

Petauroides volans
大袋鼯

体长：35~48 厘米
尾长：45~60 厘米
体重：0.9~1.5 千克
社会单位：成对
保护状况：无危
分布范围：澳大利亚东部

是最大的有袋类滑翔动物。尾巴就像方向舵，大眼睛，向前伸出的大耳朵使它能精确地计算树与树、树与地面之间的距离。吃桉树的叶子。在为期 6 周的妊娠期之后，只生下 1 只幼崽。幼崽在育儿袋里生活 6 个月。在繁殖期，雄性和雌性生活在同一个窝里。有些雄性是一夫一妻，另一些则是一夫多妻。

皮膜
连接肘关节和膝盖。

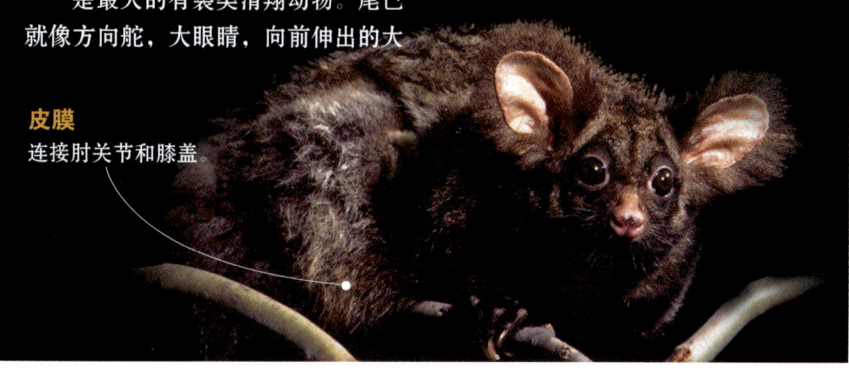

Spilocuscus maculatus

斑袋貂

体长：35~45厘米
尾长：32~43厘米
体重：2~4千克
社会单位：独居
保护状况：无危
分布范围：新几内亚岛及附近岛屿

斑袋貂夜间活动，生性害羞，很少能见到它们。它们不住在窝里，也不住在洞穴里，通常情况下，会用树叶搭建一个用来睡觉的小平台。白天在树干或树根的洞中或岩石洞中打盹。它们的头是圆的，小眼睛隐藏在毛下面。食物主要为树叶、花朵、小动物和卵。几乎只在树上生活，善于攀缘，行动缓慢，悄无声息。甚至交配的时候也在高高的树上。雌性的妊娠期大约是13天，随后产下2~3只幼崽。幼崽出生时重约1克，在育儿袋中生活6~7个月。

保卫领地

雄性在同类面前有侵略性，不容许其他斑袋貂出现在它的领地上。用腺体分泌的麝香标记领地，在树根和树枝上吐口水。这种警告的做法使它远离其他雄性，即潜在的竞争对手。发出叫声、嘘声和咕噜声，面对敌人时，会抓、咬、打。它的主要敌人是蟒蛇和猛禽。

性别不同，颜色不同
雄性和雌性的差别如此之大，以至于以前认为它们属于不同的种：雌性是白色或灰色的，雄性是褐色或灰色带有斑点。也有白色的雄性。颜色随着年龄而变化。

突出的眼睛
椭圆形的眼睛，颜色是淡黄色、橙色或发红。

灵活的手
有5趾和5爪，脚掌上毛较少，有条纹。可以抓取、握住食物。

爪梳
清洁时，用后脚的第二和第三个爪子来梳理皮毛。

可卷曲的尾巴
尾巴可以卷曲，最后一节长有鳞片，可以抓握树枝。

Pseudocheirus peregrinus
奇卷尾袋貂

体长：30~35 厘米
尾长：30~35 厘米
体重：700~1100 克
社会单位：群居
保护状况：无危
分布范围：澳大利亚东部和塔斯马尼亚

有袋类食草动物，夜间活动。食物主要为桉树叶、花朵、花蜜和果实。毛发为微红或者是棕灰色，并延伸到尾巴根部。尾巴是双色的，可以盘卷。尾巴可以用来攀缘，或者卷筑巢用的草和树叶。巢是所有家庭成员共同建造的。后脚是并趾的，这一特征也有助于攀缘。幼崽出生时身上无毛，在育儿袋中继续成长发育 4 个月。母亲把它们驮在背上直到 6 个月大。雄性会帮助养育幼崽，这种行为在鼯属动物中是独一无二的。小群体生活，群体里一般有 1 只雄性、1~2 只雌性，以及上一胎的幼崽。

Trichosurus vulpecula
刷尾负鼠

体长：32~58 厘米
尾长：24~35 厘米
体重：1.5~4.5 千克
社会单位：独居
保护状况：无危
分布范围：澳大利亚大陆和塔斯马尼亚

夜间活动。居住在树的裂缝或孔洞里。能够敏捷地跳跃和攀爬。吃叶子、花朵和果实。毛色在灰色、棕色、黑色、白色和乳白色之间变化。尾巴可以抓握。有强大的弯曲的爪子，后肢的第一个脚趾和其他的脚趾是相对的。发出尖叫声和咕噜声。胸部有腺体，用来标记领土。雌性一般产 1 只幼崽。幼崽在育儿袋里生活 5 个月。

Spilocuscus rufoniger
卷尾斑袋貂

体长：70 厘米
尾长：50 厘米
体重：6.5 千克
社会单位：独居
保护状况：极危
分布范围：印度尼西亚、新几内亚岛北部

毛色从黑到红不等，短吻，耳朵隐藏起来；眼睛大，适应夜间的生活。用前肢弯曲的爪子和能盘卷的尾巴进行攀爬。独居，在同类面前有攻击性。雌性比雄性体形大，一年可以产下 1~2 只幼崽。幼崽在育儿袋里生活 8 个月。成熟之前，幼崽的毛色一直在变化。

保护状况
当地居民捕捉卷尾斑袋貂是为了食用，也有文化的原因。捕杀及栖息地转化为农业用途是对它们最大的威胁。近几年来，卷尾斑袋貂的数量减少了 80% 以上。

pseudochirops archeri
绿环尾袋貂

体长：28~38 厘米
尾长：33 厘米
体重：670~1350 克
社会单位：独居
保护状况：无危
分布范围：澳大利亚

生活在树上，极少数情况下会下到地上。毛上有黑色、黄色、白色的条纹，毛色发绿。有一条有力量的卷曲的尾巴，不用的时候就卷起来。它的脚趾是并趾的，前脚掌上的拇指与其他四趾相对。食物主要是树叶。尽管育儿袋中有 2 个乳头，但雌性一般只能产下 1 只幼崽。

Ailurops ursinus
苏岛袋猫

体长：60 厘米
尾长：60 厘米
体重：7 千克
社会单位：群居
保护状况：易危
分布范围：印度尼西亚

皮毛细密蓬松，有一道道粗毛。脸小，耳朵小且毛多。身体呈黑色、灰色或棕色，腹部和四肢的毛颜色较浅。尾巴能抓握。用尾巴和四肢从一棵树上移到另一棵树上。雌性一年产 1~2 只幼崽，幼崽在育儿袋里生活 8 个月。组成小群体生活，每个群体中有 3~4 个成员。

Phascolarctos cinereus

树袋熊

体长：65~82 厘米
尾长：1~2 厘米
体重：4~15 千克
社会单位：独居
保护状况：无危
分布范围：澳大利亚

熊的脸
脸长且宽，嘴巴上覆盖着柔软的黑毛。

不管雄性还是雌性树袋熊的毛都很浓密，呈灰色或棕色。下巴、胸部、四肢内侧的毛为白色。雄性比雌性个体大，脸更宽；胸部有香腺，能分泌一种香味，用这种香味给领地里的树木做标记。

行为

和它的饮食类型一致，树袋熊不需要太多的能量。行动缓慢，一天中有3/4的时间都在睡觉。除了交配期外，几乎不进行社交活动。

繁殖

在繁殖期会发出吼叫声。性交时间短，期间又挠又咬。妊娠期为35天，雌性产1只幼崽。在育儿袋中哺乳6个月。之后，母亲把幼崽抱在胸前。

趴在背上的幼崽
当幼崽长得太大不能抱在胸前，且还没独立时，外出活动时就趴在母亲背上。

树枝上的活动

桉树林是树袋熊的栖息地。每只树袋熊定期到同一区域的树上，这些树就是它的领地。在有些地方，它的领地和其他树袋熊的领地相互交叉。这些树袋熊之间会有来往，特别是在交配期。一年中的其他时间都是独居，一天中的大部分时间都是在树上睡觉。为了从一棵树上移到另一棵树上，它可以悬挂在树枝上；有时候，先下到地面上，然后再爬到树上。

又厚又软的毛
有一身浓密柔软的厚厚的毛层。毛能防水，保护它们不受气温升高或下降的影响。

软骨坐垫
在它脊椎的末端有一个软骨坐垫。这个区域被浓密的毛覆盖，作用就像坐垫一样，使坐在树枝上的树袋熊感觉很舒服。

哺乳动物（上）

弯曲的脊椎
背部脊椎弯曲，比大部分哺乳动物少两根肋骨。这些特征使得它的身体有轻微的弯曲，但恰好能坐在树枝中间。

1 饮食
在树上的生活，让树袋熊很容易获得食物。它主要吃几种桉树的叶子。桉树叶子的纤维特别多，且对大部分动物来说是有毒的。树袋熊能用嗅觉区分它喜欢的种类。

2 清洁
在它后腿的脚趾上有两个爪，用来清洁自己，用这个脚趾清除寄生虫，给自己"梳毛发"。和大多数哺乳动物一样，它也会用牙齿和舌头来清洁自己，以保持毛发处于良好状态。

3 睡觉
睡觉时，树袋熊采取两种姿势：天冷时，把自己蜷缩成一团来保存身体热量。温度上升时，脸朝下倚靠在树枝上，四肢耷拉着方便散热。

牙齿
锋利的门牙切碎树叶，用臼齿和前臼齿咀嚼。臼齿和门牙之间形成的缝隙叫齿隙。齿隙能让舌头在嘴巴里搅拌树叶。

A 门牙
B 臼齿
C 前臼齿

消化
树袋熊的盲肠特别长。里面有上百万的细菌来分解树叶中的纤维和有毒的油质。能吸收水和25%的营养物质。

存热

18~20 小时
这是树袋熊每天睡觉用的时间。

散热

腿和爪子

特别适合攀爬，用来抓住树干和树枝。树袋熊的前肢和后肢长度几乎相同。因为前肢特别长，这一特征有利于它的活动。

前腿
两个指头的功能和相对的拇指差不多。树袋熊在树干上留下的明显的平行的抓痕，就是这个原因。

锋利的长爪可以扎进树里以保持平衡

后腿
有一个指头和其他脚趾相对，这个指头上没有爪，可以紧紧抓住树枝。第二趾和第三趾连在一起，形成一个有两个爪的指头，用来清洁身体。

粗糙的防滑垫

Dendrolagus matschiei
赤树袋鼠

体长：55~63 厘米
尾长：55~63 厘米
体重：6~13 千克
社会单位：独居
保护状况：濒危
分布范围：巴布亚新几内亚

从一棵树跳到另一棵树上时，可以跳 9 米高。从树上下来时，背贴着树下来或者跳下来，用尾巴保持平衡。几乎只吃成熟的树叶。在发情期，雌性从树上下来，发出咔嚓声和沙沙声来寻找雄性。妊娠期是有袋类动物中最长的：39~45 天。在分娩前的 48 个小时，雌性会找一个隐蔽的地方。幼崽在育儿袋中生活 235 天。

红色和黄色
后背皮毛是栗色或棕色到红色，尾巴、腹部、耳朵、腿的皮毛是黄色的。

Lagorchestes hirsutus
蓬毛兔袋鼠

体长：31~39 厘米
尾长：24~30.5 厘米
体重：0.78~1.9 千克
社会单位：独居
保护状况：易危
分布范围：澳大利亚

外表整体看起来像兔子，但是后肢更长，身体更细长弯曲，长尾巴。雄性和雌性的特征是一样的，但雌性的体形更大一些。雌性通常一胎只产 1 只幼崽。幼崽在育儿袋里生活 124 天。一旦长大，母亲就不允许它们再回来，会攻击它们。这样，它们分散到各地，不相互竞争食物资源。

Thylogale stigmatica
红足丛袋鼠

体长：38~58 厘米
尾长：37~47 厘米
体重：2.7~7 千克
社会单位：独居
保护状况：无危
分布范围：澳大利亚、印度尼西亚和巴布亚新几内亚

在热带丛林，它们的皮毛通常是棕灰色的；在开阔的林地，它们的皮毛是淡米色的。头细长，尾巴短而结实，脸颊、大腿和前腿上有红色的毛，它们的名字也由此而来。尽管会成群聚集在果树周围，但通常是独居的。以树叶和种子为食。白天、晚上都会出来活动。在 30 天的妊娠期之后，雌性只能产下 1 只幼崽。

Setonix brachyurus
短尾矮袋鼠

体长：40~50 厘米
尾长：24.5~31 厘米
体重：2.7~4.2 千克
社会单位：群居
保护状况：易危
分布范围：澳大利亚西部

多植被地区是它们最喜欢的栖息地，但是在干旱地区也能生存。无毛的鼻子、圆耳朵、短尾巴。白天避开高温，晚上出来寻找食物。食物主要是各种牧草。尽管是陆生动物，但是也会爬树。为了获取食物，它们能爬到 1.5 米高。在 26 天的妊娠期后，雌性一次产下 1 只幼崽。以家庭为一个群体生活，群体由成年雄性统治，成年雄性有等级之分。

浓密粗糙的皮毛
短尾矮袋鼠全身被短短的浓密的毛覆盖，上部分颜色为深棕色，下面的毛色较浅。

移动
后肢用来跳跃。和袋鼠不同，尾巴并不是第三个支撑点。

哺乳动物（上） 37

Dendrolagus dorianus
多丽树袋鼠

体长：51~78 厘米
尾长：44~66 厘米
体重：6.5~14.5 千克
社会单位：独居
保护状况：易危
分布范围：巴布亚新几内亚

大部分时间在树上度过。四肢结实粗壮，有爪子，尾巴长。在攀树的时候，尾巴可以保持身体平衡。和其他袋鼠不同，后腿可以分开单独活动。黑色的耳朵，尾巴上的毛色比其他部位浅。30 天的妊娠期之后，雌性产下唯一一只幼崽，在育儿袋中哺乳 10 个月。

前肢
几乎和后肢一样大，粗糙且有脚垫。

夜间活动的生活习惯
独居，多丽树袋鼠晚上出来寻找食物：各种各样的叶子、花蕾、花朵和果实。

Macropus giganteus
灰袋鼠

体长：1.5~1.8 米
尾长：75~100 厘米
体重：35~90 千克
社会单位：群居
保护状况：无危
分布范围：澳大利亚东部

栖息地多样，从森林到草原。皮毛为灰色，面部颜色要浅很多或者是白色的。雄性比雌性大 2~3 倍。跳跃着走路，每一次能跳 9 米。白天大部分时间在阴凉处度过，黄昏的时候四处寻找食物，主要以树叶、种子、谷物和果实为食。和同伴竞争之后，获胜的雄性和发情的雌性交配。当资源匮乏时，也会为食物或栖息地竞争。

季节性繁殖。繁殖期在春季或夏初。发情期持续 46 天，比妊娠期长 10 天。每胎产 1~2 只幼崽，幼崽在育儿袋中生活 11 个月。哺乳期还要再持续 9 个月。灰袋鼠以小群体生活。群体中有 1 个雄性首领、2~3 只雌性和它们的幼崽，还有 2~3 只青年雄性。

能量消耗和运动
跑得越快，消耗的能量越少。

Petrogale penicillata
帚尾岩袋鼠

体长：50~60 厘米
尾长：50~70 厘米
体重：5~11 千克
社会单位：群居
保护状况：近危
分布范围：澳大利亚东南部

生活在岩壁上或开放的林地中。白天在裂缝或洞穴里休息；晚上吃青草、树叶和水果。后肢粗糙，可以减震，有良好的抓地力，利于其在岩石间跳跃。在 31 天的妊娠期之后，雌性产下 1 只幼崽，幼崽在育儿袋中生活 29 周。

Macropus eugenii
尤金袋鼠

体长：52~68 厘米
尾长：33~45 厘米
体重：4~9.1 千克
社会单位：群居
保护状况：无危
分布范围：澳大利亚

生活在植被茂盛的灌木丛中。小脑袋，大耳朵。雄性比雌性个体大，腿更长，爪子更粗。背部皮毛为黄灰色，腿部为淡红色。尤金袋鼠非常具有社会性，成群寻找食物，有等级之分，雄性之间通过相互争斗来确定领导地位。在 25~28 天的妊娠期后，雌性一次只能产下 1 只幼崽。幼崽出生时，发育非常不完全，在母亲的育儿袋中生活 8~9 个月。

Potorous longipes
澳洲长鼻袋鼠
体长：38~42 厘米
尾长：31~33 厘米
体重：1.5~2 千克
社会单位：独居
保护状况：濒危
分布范围：澳大利亚东南部

独居，夜间活动，几乎只吃真菌类植物。用前爪扒土，寻找食物。当快速前进时，后肢用来跳跃和发力。雌性澳洲长鼻袋鼠妊娠期为38天，之后产下唯一一只幼崽，幼崽在育儿袋里生活5个月。

Bettongia penicillata
毛尾袋鼠
体长：30~38 厘米
尾长：29~36 厘米
体重：1~1.5 千克
社会单位：独居
保护状况：极危
分布范围：澳大利亚西南部

真菌类植物是它主要的食物，晚上刨土找真菌，白天待在一个圆顶状的窝里。窝是用树皮、树叶和青草建造的。毛尾袋鼠的尾巴几乎和身体一样长。尾巴上半部分有一个黑色的肉冠。

Caenolestes fuliginosus
烟色鼩负鼠
体长：9~13.5 厘米
尾长：9.3~12.7 厘米
体重：16.5~40.8 克
社会单位：独居或成对
保护状况：无危
分布范围：哥伦比亚、厄瓜多尔、委内瑞拉

生活在安第斯山脉北部，海拔1500~4000米的森林或草原。身上的皮毛有不同的纹理，因此看起来与众不同。毛柔软厚实，背部的毛从深棕到黑色，腹部的毛色较浅。长脑袋、小眼睛、耳朵藏在毛下；尾巴是黑色的，少毛，不能抓握。前腿的外面两只脚趾的爪子没有爪尖，里面的脚趾有弯曲的锋利的爪子。视力不好，但是听觉和嗅觉异常敏锐。主要在夜间活动，烟色鼩负鼠生活在位于植被之间的隧道里。食虫动物，但是也会吃小的脊椎动物和蚯蚓。

Hypsiprymnodon moschatus
麝袋鼠
体长：16~28 厘米
尾长：12~17 厘米
体重：375~675 克
社会单位：独居
保护状况：无危
分布范围：澳大利亚东北部

食物为无花果、坚果、种子和真菌。食物是它独自从不同地方收集来的。这是更格卢鼠属动物的特有的习惯。用四肢跳跃，后肢的大脚趾是支撑点。它喜爱的栖息地是稠密的热带森林。散发麝香味，特别是在繁殖期，这是这种动物的特征。通常情况下，雌性每胎产2只幼崽，幼崽在育儿袋中生活21周，随后还要在窝里继续喂养几周。

Notoryctes typhlops
袋鼹
体长：12~18 厘米
尾长：2~2.5 厘米
体重：40~70 克
社会单位：独居
保护状况：数据不足
分布范围：澳大利亚西南部

前肢上有2个爪子，像铲子一样，用来挖隧道，挖的隧道长度能达到2.5米。以在沙上游泳的方式前进，用坚硬的鼻子试探周围的土地，用后足的爪子把土翻起来，扒到身后。袋鼹的眼睛非常小，耳朵也小，隐藏在毛发中。毛的颜色是灰白色或者浅红褐色，毛非常柔软。雌性的育儿袋（一般有1~2只幼崽）位于身体的后半部分，可防止尘土进入。

大猎物
它们的食物有蠕虫、幼虫、蜈蚣甚至蜥蜴。相对它们的体形来说，这些都是大型猎物。用爪子捕捉猎物。

Dromiciops gliroides
南猊

体长：8.3~13厘米
尾长：9~13.2厘米
体重：16~42克
保护状况：近危
分布范围：阿根廷和智利

栖息于温带和热带雨林茂密的竹林里。夜行树栖动物。爬树的时候用到部分善于抓握的尾巴。手指和脚趾的大拇指和其他四指相对。

通过发出声音（尖叫声和嗡嗡声）和同类交流。实际上它也被称为 *kodkod* 和 *colocolo*，这两个名称是模拟它的尖叫声而命名的。它的食物主要为昆虫、幼虫和蝶蛹。可以在树根和树皮的裂缝中找到食物。它也吃种子和果实。

在生产前，雌性会建造直径大约为20厘米的窝。窝离地面3米高。在3~4周的妊娠期之后，会产下1~5只幼崽，幼崽在育儿袋里哺乳2个月。一胎最多只能活下来4只幼崽，因为育儿袋中乳头的数量就是这些。幼崽离开育儿袋之后，还要依赖母亲几个月。对它构成最主要威胁的掠食者是猛禽（比如猫头鹰、雀鹰、红羽鹰）和哺乳动物（比如家猫、野猫、水貂和灰狐）。它的防御方法就是从皮肤腺中喷出一股恶臭，也会摆出一副吓人的姿势，张牙舞爪。南猊的一个灵活的适应性表现在当气候恶劣和食物匮乏时，它会进入长时间的冬眠。

储存能量
尾巴是冬眠时的能量储存器。

唯一一种
是目前微兽目的唯一代表，和大洋洲有袋类动物的关系比和南美洲有袋类的关系更近。

浓密的有斑点的皮毛
短而浓密，毛为棕灰色，背部的颜色比腹部的颜色更深，在肩部和髋部上有斑点。

黑眼圈
眼睛周围有一圈黑毛。这是南猊最显著的特征。

猴子的手
它的手以及善于抓握的尾巴——灵长类动物的特征，使它含糊地得到"小猴子"这一名称。

老鼠的耳朵
又小又圆。让南猊看起来和老鼠有点像。

Macropus rufus
红大袋鼠

体长：1~1.6 米
尾长：75~120 厘米
体重：25~90 千克
社会单位：群居
保护状况：无危
分布范围：澳大利亚

逃跑
用后肢跳跃，躲避危险。时速可达 50 千米/时。

是现存有袋类动物中体形最大的。雄性可比雌性重 2 倍，雄性的毛为橙色；雌性的皮毛为蓝色，但是颜色会有变化。成对或组成群体生活。一个群中有多达 10 只个体。

分布和栖息地

大部分袋鼠生活在多树林地区、澳大利亚开阔的草原。它们的分布和种群数量绝对依赖水：如果缺少水，它们会迁移 200 千米去寻找水源。

食物

牧草嫩芽、草和树叶是它们的主要食物。通常在晚上进食，低下头吃树叶或啃牧草。进食时，仍保持警惕，以防掠食者（尤其是澳洲野犬）出现。

防御方法
用脚踢是它们主要的防御方法。但是在玩耍或打斗时，它们会站起来，使用拳击战术。

袋鼠的出生和幼崽

妊娠期在 12~38 天。妊娠期之后，产下幼崽。幼崽在母亲腹部爬来爬去，直到找到育儿袋中的乳房为止。在没长大到能够离开育儿袋之前，小袋鼠会抓住母亲的乳头不放。尽管仍需哺乳，但会慢慢地用草来代替乳汁。也会学着像父母那样跳着移动和跑步。

在育儿袋中还有一只幼崽的时候，雌性可以产下新幼崽。

1 铺平道路
当在为一只幼崽的出生做准备时，雌性袋鼠会舔毛，来建一条长约 14 厘米的通道，幼崽会顺着这条通道爬到育儿袋的入口。育儿袋位于腹部上方。

小袋鼠要在 3 分钟之内爬到育儿袋里，如果爬不到，就不能活下来。

2 一段马拉松长跑
小袋鼠出生时，身体发育很不成熟，体重不到 5 克。看不到也听不到。只能移动前爪，在嗅觉的指引下，顺着母亲唾液的气味向上爬。

3 哺乳期
到达育儿袋之后，幼崽把嘴巴对着 4 个乳头中的 1 个。那时小袋鼠是红色的（因为身上没有毛），看起来非常脆弱，但是在接下来的 4 个月内，它会不停地生长。在这 4 个月内，它不会离开育儿袋。

乳头
随着幼崽一起长大，可达 10 毫米长。之后会再次收缩。

两个子宫
雌性有 2 个子宫，2 个阴道。

4 离开育儿袋
8 个月时，幼崽离开育儿袋，饮食中会加进草。会继续吃奶，受到母亲保护，直到 18 个月大。

哺乳动物（上） 41

皮毛
和雄性不同，雌性红大袋鼠的毛色并不发红。

育儿袋
雌性袋鼠身边总是有一只刚离开育儿袋的小袋鼠，一只还在袋内，一只胚胎正在腹中发育。

进入育儿袋

A 后肢支撑，头先进入袋中。

B 转一圈，就进入了袋中。

C 当轮换着吃奶和外面的草时，小袋鼠把头伸出来吃草，这样就不需要离开育儿袋了。

刺猬、鼹鼠及其他目动物

它们都是体形小、跑得快的物种。有些会挖洞，有些用身上的刺或者有毒的唾液进行防卫。有在树间滑翔的物种，也有跳着逃跑的物种；另外一些是攀缘能手。这一部分动物有刺猬、刺毛鼩猬、鼹鼠、沟齿鼠、马岛猬、象鼩、树鼩等。不同目的分类仍有争议。

刺猬和刺毛鼩猬

门：	脊索动物门
纲：	哺乳纲
目：	猬形目
科：	1
种：	24

它们是亚欧大陆和非洲的本土动物。这一目动物的特征很原始，长吻。刺猬以前和鼩鼱、鼹鼠分为一类。在它们身上能看到对夜晚活动这一习性的功能适应。16种刺猬都有防卫的刺；刺毛鼩猬身上覆盖着普通的毛，尾巴长，毛少。它们是杂食性动物。

Atelerix albiventris
四趾刺猬

体长：18~23厘米
尾长：1.7~5厘米
体重：236~700克
社会单位：独居
保护状况：无危
分布范围：非洲中部

四肢非常短，这种刺猬近似圆形的身体几乎贴在地面上。如果遇到危险，它就会收缩肌肉，蜷缩成一团。夜行独居，在广阔的范围内寻找食物，总是避免靠近同类。吃无脊椎动物比如蜘蛛或昆虫，对有毒物质的抵抗性很强。有一些奇怪的不为人所知的习惯，比如用唾液涂满全身。雌性比雄性大。

刺毛
有色素沉着，因此每根刺都有深浅不同的颜色

Hylomys suillus
小毛猬

体长：10~15厘米
尾长：1~3厘米
体重：12~80克
社会单位：独居
保护状况：无危
分布范围：亚洲东南部

生活在亚洲东南部的低洼地和山区林地中。能爬上灌木，但主要在地面上进食。白天晚上都会活动，吃昆虫、蠕虫和其他小型动物，还吃当季的水果。它的皮毛形成了一个柔软的浓密的"披风"，背部为棕色，腹部颜色较暗淡。栖居在用干树叶建造的窝里。雌性一胎可产3只小毛猬。

哺乳动物（上） 43

Echinosorex gymnura
刺毛鼩猬
体长：26~46 厘米
尾长：16~30 厘米
体重：0.5~2 千克
社会单位：独居
保护状况：无危
分布范围：亚洲东南部

生活在低洼地的热带雨林地区，被水淹没的滩涂地和耕地中。身体又瘦又长。外部的皮肤坚硬、粗糙、长满刺，有黑色和灰白的条纹。

腐烂气味
和其他毛猬一样，用一种酸性气味标记领地。这种气味和腐烂的洋葱味很像。

长脸
脸上覆盖着白毛，眼睛周围有一圈黑线。

长长的有鳞片的尾巴上几乎没有毛。长嘴可以活动，在上切齿中间有沟槽。刺毛鼩猬是独居动物，在同类面前具有攻击性。白天待在洞穴中或裂缝中，晚上出来觅食。它们的食物有昆虫、蜘蛛、小虾、蜈蚣、蚯蚓、小鱼和其他水生动物。在35~40天的妊娠期之后，雌性一般产下2只幼崽（大约重14.5克）。

Hemiechinus auritus
长耳刺猬
体长：15~27 厘米
尾长：1~5 厘米
体重：250~275 克
社会单位：独居
保护状况：无危
分布范围：亚洲中西部和东部、非洲北部

面部、四肢、腹部有粗糙的皮肤，身体其他地方长满刺，刺形成不同颜色的条纹，有黑色、棕色、黄色和白色。它的耳朵比其他刺猬的耳朵大很多。听觉和嗅觉非常发达，利于寻找食物和侦察猎物。在大约39天的妊娠期后，雌性会产下1~4只小刺猬。

Neohylomys hainanensis
海南新毛猬
体长：12~14.7 厘米
尾长：3.6~4.3 厘米
体重：50~69 克
社会单位：可变
保护状况：濒危
分布范围：中国

背部的毛浓密柔软，毛色为棕色或淡灰色，脊背中间有一道黑色条纹。体侧的毛更淡一些，腹部几乎是白色的。小脑袋，尾巴比其他毛猬长，几乎无毛，耳朵和爪子也一样。吃昆虫和蚯蚓，用长嘴翻动土地。白天夜晚都会出来活动，独自或小群体活动。

Atelerix frontalis
南非刺猬
体长：17~23 厘米
尾长：1.7~5 厘米
体重：236~700 克
社会单位：可变
保护状况：无危
分布范围：非洲南部

生活在牧场、灌木丛、多岩石地区或公园中。南非刺猬晚上活动，主要是独自活动，但"夫妻"也会一起出去觅食。吃甲虫、白蚁、蠕虫、蜈蚣以及其他小猎物。一个晚上可以吃下相当于自身体重30%的食物。和其他种类的刺猬一样，除了脸和腹部之外，身上长满了刺。小耳朵、短尾巴、尖嘴。雌性胸部有4个乳头，腹部有1个乳头，但是还可以有更多。妊娠期大约为35天，一胎产下4~5只小刺猬。小刺猬重约10克，出生时看不见东西，身上毛发稀少，大约2个星期后睁开眼睛，1个月后就有了成年刺猬的特征。

白色条纹
前额中间，有一道白毛，这是南非刺猬最明显的特征。

Paraechinus micropus
小脚猬
体长：14~23 厘米
尾长：1~4 厘米
体重：300~450 克
社会单位：独居
保护状况：无危
分布范围：亚洲南部

颜色是变化多样的：一些非常黑（黑化），另一些几乎是全白的（白化）。适应了干旱和沙漠地区。在食物缺乏的季节，比如旱季，小脚猬不活动。居住在岩石缝或小窝中，可以在里面储存食物。吃昆虫、蝎子、蛋类和腐肉。雌性一次产下1~2只小刺猬，1个星期后，小刺猬就学会了蜷缩成球进行防御的技能。

鼩鼠及其近亲

门：	脊索动物门
纲：	哺乳纲
目：	鼩形目
科：	3
种：	428

以昆虫为食，长嘴利齿，长尾巴和像丝般柔软的皮毛是这一目不同科动物（鼩鼱科、鼹科、沟齿鼩科）的共同特征。这些动物是有胎盘类哺乳动物中最原始的，和身体相比，它们的头相对较小。鼩鼱占大多数，大约占这一目的 90%。

Neomys fodiens
水鼩鼱

体长：6.5~9.5 厘米
尾长：4.5~8 厘米
体重：8~25 克
社会单位：独居
保护状况：无危
分布范围：欧洲和亚洲北部

脊背的皮毛是深灰色的，腹部是白色的。主要以水生昆虫、小鱼和青蛙为食。在水中潜伏大约 20 秒，捕捉猎物，用颌下腺分泌的有毒物质削弱猎物。在陆地上，吃蠕虫、甲虫和幼虫。小眼睛、小耳朵、又尖又长的嘴，这是鼩鼱典型的特征。水鼩鼱不仅是游泳健将（尾巴上有成排的毛，有利于游泳时掌握方向），还能修路建洞穴，把牧草和干树叶放进窝里。在 19~21 天的妊娠期后，雌性在窝里产下 4~7 只幼崽。哺乳期大约为 6 周（雌性有 5 对乳房）。水鼩鼱是独居动物，与其他鼩鼱相比攻击性不强。

银色条纹
使皮毛具有防水性；在水下潜浮时，能保存空气。

爪子推动器
游泳时用后爪向前推，爪子上有毛，增强推力。

Crocidura leucodon
白齿麝鼩

体长：4~18 厘米
尾长：4~11 厘米
体重：6~13 克
社会单位：独居
保护状况：无危
分布范围：欧洲至亚洲西部

身上有两种颜色：上半部分为灰色，下半部分为乳黄色，体侧的一条线把两部分明显地分开。它的牙齿是白色的，因为缺少色素沉着。白齿麝鼩的食物主要是蠕虫、幼虫和其他无脊椎动物。适应于旱高海拔的环境，比如牧场、森林和灌木丛。如果受到威胁，它就会蹲着，露出牙齿，大声尖叫。在发情期，雌性散发出强烈的气味。在大约 31 天的妊娠期之后，雌性一般产 4 只幼崽。刚出生时，幼崽重不到 1 克，第 1 周身上无毛；第 13 天睁开眼睛，22 天断奶。

哺乳动物（上）

鼩鼱

鼩鼱科的动物大部分都是食虫动物，也吃种子、水果和腐肉。大部分在陆地上生活，非常活跃。鼩鼱每天摄入的食物量达体重的80%。它们的共同特征是尖嘴、厚实柔软的皮毛、长尾巴和简单锋利的牙齿。视力不发达，但是听觉和嗅觉发达，此外，还有感知周围回声（回声定位）的能力。这一科中有超过300种动物，分为23个属。

鼹鼠和麝鼹

鼹科的鼹鼠，身上体现了建筑洞穴和生活在洞穴里的功能适应：前足有强大的爪子，用来挖土，像铲子一样，也能刨出挖的土。体形小，圆柱形的身体，黑色浓密的短毛。有非常敏感的嘴，是食虫动物。这一科中的麝鼹则表现出游泳的功能适应：有蹼足，毛又长又硬，扁平的尾巴也是如此。主要生活在北美洲和亚欧大陆。这一科中有大约42种，分为17个属。

沟齿鼩

有长长的灵活的软骨般的嘴。小眼睛，长尾巴。尾巴上毛少，有鳞片；身体被一层厚厚的浓密的黑毛覆盖。属于沟齿鼩科，在体形上，和鼩鼱很像，但是也有原始哺乳动物特有的特征，和恐龙同期生活（在2.25亿年到6500万年前）。有在哺乳动物中不常见的特征：能分泌毒液，在捕食猎物（从无脊椎动物到小的爬行动物）时会用到。现存两种：古巴沟齿鼩和海底沟齿鼩。

Cryptotis parva
小麝鼩

体长：6.7~10.3厘米
尾长：1.2~2.2厘米
体重：4~6.5克
社会单位：群居
保护状况：无危
分布范围：北美洲

毛短、浓密、柔软，背部的毛在冬天是深棕到黑色的，夏天颜色要淡一些。如同很多鼩鼱一样，小麝鼩的牙齿上也有棕色的色素沉着。它和其他鼩鼱的区别在于社会结构不同：群居，好几只共住一个窝。使用其他动物废弃的洞穴，或大家一起挖土建造洞穴，大部分活动在夜间进行。没有攻击行为的记录，即使是在共同分食的情况下（食物为臭虫、蚯蚓、蜗牛、蛞蝓等）。在21~23天的妊娠期后，雌性产下1~9只幼崽。幼崽出生时有胡须和爪子，但是没有发育完全的牙齿。20天后就不依赖母亲了，31~36天的时候，就达到了性成熟。

Suncus etruscus
小臭鼩

体长：4~5厘米
尾长：2~3厘米
体重：2~3克
社会单位：独居
保护状况：无危
分布范围：从欧洲南部到亚洲西南部，斯里兰卡，非洲北部、东部和西部

生活在森林、灌木丛和牧草茂盛的地方。它的毛短而柔软，为淡灰色或棕色。它具有强大的啃咬能力以捕食相对于它的体形来说的大型猎物。比如昆虫、蠕虫、蜗牛和蜘蛛。由于需要大量能量，所以它大部分时间都在用长嘴寻找食物。非常活跃，几乎一直在活动，不找食物的时候就舔毛，梳理毛。在它保持安静的短短的时间内，总是藏在干树叶下。小臭鼩在缝里或洞中建窝，只在发情期才会成对生活在一起。在28天的妊娠期后，产下2~6只幼崽。饲养起来很困难，因为体形小，需要的能量多。

Blarina brevicauda
北美短尾鼩鼱

体长：12~14厘米
尾长：3厘米
体重：20克
社会单位：可变
保护状况：无危
分布范围：加拿大南部到北部，美国东部

它的眼睛和耳朵非常小，但是嘴却比其他的鼩鼱更健壮，也没有那么尖。嗅觉发达，撕咬时用有毒的唾液削弱猎物。在地下鼹鼠和老鼠的旧地道中休息。白天黑夜都会活动。视力弱，但是用类似于蝙蝠和鲸的回声定位方法来感知周围的环境。进食时狼吞虎咽（以无脊椎动物、小的脊椎动物和植物为食），一天可以摄入3倍于其体重的食物。雄性个体比雌性个体稍微大一些，特别是头的大小。独居，在陆地上生活；交配期会用树叶和牧草建窝，窝建在地道里或岩石中。在22天的妊娠期后，雌性产下3~10只幼崽。

Notiosorex crawfordi
荒漠鼩鼱

体长：8厘米
尾长：2.5厘米
体重：4.5~8克
社会单位：独居
保护状况：无危
分布范围：墨西哥和美国南部

皮毛是灰色的，搭配有棕色；腹部的颜色更淡。长尾巴，视力要比大部分鼩鼱好很多。主要生活在干旱地区。自己不挖洞穴，而是住在其他动物的洞里。捕食蠕虫、蜘蛛、小型鸟类和蜥蜴。雌性用牧草和毛建窝，一胎产3~5只幼崽，如果条件允许的话，一年可以生产2次。

Chimarrogale hantu
马来亚水鼩

体长：8~12厘米
尾长：6~10厘米
体重：30克
社会单位：独居
保护状况：近危
分布范围：亚洲东南部

身体是流线型的，四肢上直立的毛推动它在水中游动。长尾巴、小眼睛、小耳朵（潜水时，耳朵闭得紧紧的）。用它自己的油脂涂毛，使毛不进水。生活在河流小溪附近的沼泽地里。其洞穴的入口通常在水下。食物为甲壳类动物、幼虫和水生昆虫。

Sorex tundrensis
苔原鼩鼱

体长：83~120毫米
尾长：20~37毫米
体重：3.8~10克
社会单位：独居
保护状况：无危
分布范围：加拿大、中国、蒙古、俄罗斯、美国

皮毛颜色随着季节和年龄变化而变化。夏季，成年鼩鼱身上有3种颜色（脊背棕黑色、体侧淡棕色、腹部灰色）；青年鼩鼱的背部和腹部的颜色变化不明显。冬季，皮毛有2种颜色，毛也更长。食物以蚯蚓、昆虫和幼虫为主。雄性在夏季性活动更为活跃。雌性一胎产8~12只幼崽。

Diplomesodon pulchellum
斑麝鼩

体长：5~7厘米
尾长：2~3厘米
体重：7~13克
社会单位：独居
保护状况：无危
分布范围：亚洲中部

和其他鼩鼱比起来，斑麝鼩嘴巴非常尖，胡须长。前足的掌上和爪上有长长的坚韧的有弹性的毛，这对它们在沙面上活动很有帮助。斑麝鼩生活在荒漠地区的栖息地中，在黄昏和晚上非常活跃。这时可以轻易捕捉到猎物，昆虫（尤其蚂蚁）和小蜥蜴是它主要的食物。主要在沙面上捕猎，但也会在散沙上挖来挖去，寻找幼虫和蠕虫。住在裂缝里或干草堆中，经常换住所。斑麝鼩的交配期是3~10月；雌性一胎产下4~5只幼崽。

食虫和食肉
可以捕捉到和它体形一样大的动物。蚱蜢是它最主要的猎物。

白色斑点
脊背的毛是灰色的，上面有一个显眼的白色斑点。下半部分、腿和尾巴也是白色的。

长胡须
专门的毛，触觉非常敏感。这一特征与其说是鼩鼱独有的，不如说是啮齿目动物独有的。

Sorex araneus
普通鼩鼱

- 体长：5~8厘米
- 尾长：2.5~4.5厘米
- 体重：5~14克
- 社会单位：独居
- 保护状况：无危
- 分布范围：欧洲到亚洲北部

普通鼩鼱适应各种栖息地，可以在牧场、乱石堆、沙丘和森林里生活。在地下造窝，或者用田鼠、老鼠和鼹鼠废弃的窝。大部分时间在地下度过，但是白天黑夜都很活跃，都会捕食。对食物是来者不拒，它的机体每天需要摄入相当于自身体重80%~90%的食物来保持运转，一天可以捕食十来次。

皮毛有3种颜色，背部是棕色的，腹部是灰色的。腿和尾巴短。尽管耳朵小，且藏在毛下面，但是听力很发达。陆生动物，通过超声波交流。尤其是雌性呼唤幼崽或在入侵者面前保护领地时发出的超声波。具有攻击性，当被逼到走投无路时，它会用撕咬来回应。普通鼩鼱除了在发情期（春天或初秋）之外，都是独居。在24~25天的妊娠期之后，雌性一次产下6~7只幼崽。幼崽出生时只重0.5克多一点。1个月后断奶，快速地分散到各地，变成掠食者（主要是猫头鹰、白鼬、鼬、赤狐等）猎物的风险很大。不同性别的鼩鼱会很早地建立各自的活动区域，这一区域的面积大小不同。

地上的蠕虫
这是它的食物之一，除此之外，还吃大量的昆虫、蜘蛛和胭脂虫。

一个接生幼崽的窝
普通鼩鼱会建造居住的洞穴。但是在分娩的时候，会建一个特别的窝。这个窝在树干或岩石下面，用牧草和干树叶覆盖。

明亮的眼睛
黑色的乌亮的眼睛，但视力不是很好。

尖吻
灵活，嗅觉灵敏，用来侦查猎物。

三色的皮毛
脊背是深棕色的，体侧的毛更淡一些，腹部是灰色的或者近似白色。

Talpa europaea
欧鼹鼠

体长：10~16厘米
尾长：2厘米
体重：65~125克
社会单位：独居
保护状况：无危
分布范围：欧洲和亚洲北部

会动的毛
可以朝向任一方向，便于在地道中移动。

欧鼹鼠的身体细长，像圆筒状，上面覆盖着乌黑发亮的皮毛。雄性比雌性大，但是雌雄两性长得非常像。

地下深处的栖息地

欧鼹鼠生活在非常深的地下，深到足够它们挖掘复杂的地道网。可以在耕地、落叶草原和常绿草原看到它们的身影。

长长的交配期

雄性把它的地道网挖到雌性的洞穴。在那里在24~48小时内进行多次交配。妊娠期和哺乳期都是30天左右。雌性会分泌大量睾丸素，这也就解释了雌性在保护领土时的攻击性以及它和雄性长得像的原因。

捕捉猎物的方法
根据土地的特点，欧鼹鼠会挖土搜寻蠕虫，在地道里寻找或跑到地面上来找食物。

在洞中的鼹鼠

鼹鼠的洞居习性使它在哺乳动物中别具一格，因为实际上，它的一生都是在地下度过的：在那里吃饭、睡觉、交配、繁衍、哺乳。它的洞穴是由一个庞大的地道网构成的。鼹鼠用它强有力的前爪挖地道。在地道网中，它能捕获蠕虫、甲虫的幼虫、蛞蝓及其他小的无脊椎动物。由于需要不断摄入营养物质，不管白天或黑夜，鼹鼠通常保持活跃几个小时，然后再睡上相同时间的觉。

爪子
鼹鼠的前足向外伸，像铲子一样。它的5个有力的爪子能挖土，还能把土铲出去。铲土的时候，用后足支撑着地道的墙壁。

地下世界

对哺乳动物来说，在地下建洞穴或庇护所的主要功能就是保护自己。鼹鼠们在地下洞穴内寻找食物，然后保护和储存食物。

领地
每只鼹鼠都有自己的洞穴。通道大约宽5厘米，高4厘米。算下来，整个地道系统要长于70米。

地道系统
鼹鼠建造地道的方法是，先建主地道，主地道连接各个分地道和唯一的一个窝室。旁侧的地道或次室用来捕捉生活在土壤中的蠕虫和其他无脊椎动物。

幼崽独立
刚出生时没有毛，眼睛没睁开，但大约35天之后，就能离开洞穴，寻找自己的领地。

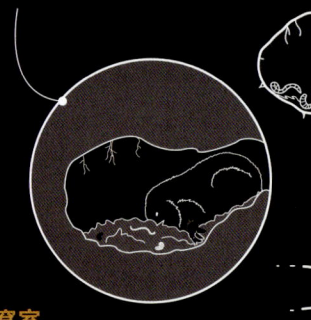

窝室
在和雄性交配之后，雌性会建造一个专门的窝室。这个窝室有一个足球那么大。上面用牧草和干树叶覆盖。在这个窝里产下幼崽，一胎产下2~7只。

哺乳动物（上） 49

像火山

鼹鼠建造的"小山"可以通过像火山一样的外部形状分辨出来。这座"小山"是由内部地道挖出来的土建成的。洞穴的入口通常在中间或者鼹鼠洞的一边。

尖吻
无毛，有敏感的胡须。

小眼睛
通常被毛覆盖着。

大大的前腿
上面有发达的肌肉组织。

吃蠕虫
鼹鼠会先咬掉蠕虫的头，然后甩几下，把蠕虫身上的土弄掉。

食物道
鼹鼠会挖掘许多通道来寻找从通道墙壁上掉下来的小型无脊椎动物。

食物储藏室
有些鼹鼠有一个专门保存食物的地方，以备需要时食用。在捉住蠕虫或幼虫以后，鼹鼠会把它们储存起来，直到合适的时机食用。

复杂的网
连接不同类型的室。

纵向地道
连接外部入口和洞穴内部。可达约70厘米深。

Nectogale elegans
蹼小麝鼩
体长：9~13 厘米
尾长：8~11 厘米
体重：25~45 克
社会单位：独居
保护状况：无危
分布范围：亚洲南部

生活在喜马拉雅山及附近山系中水流湍急、冰冷的溪流里。身体矮胖，半水栖动物，背部的毛为灰色，腹部是银白色。它的尾巴相对来说很粗，黑色的尾巴上有白毛，游泳时会用到。生活在河流两岸的洞穴中，吃昆虫、幼虫、甲壳类动物和小鱼。

Scutisorex somereni
盔鼩鼱
体长：10~15 厘米
尾长：6.5~9.5 厘米
体重：70~125 克
社会单位：独居
保护状况：无危
分布范围：非洲中部到东部

也被称为英雄鼩鼱，身体健壮，由于脊椎结构的原因，脊背呈独特的弓形，除了身体两侧的肌肉相互连接外，细毛或刺也上下交织。独特的脊椎使它能承受重物，脊背上大量的肌肉让它的身体异常柔软灵活。它不是有 5 个腰椎椎骨，而是有 11 个，这一特征把它和已知的哺乳动物区分开来。和其他鼩鼱相比，它的体形大，身体被浓密厚实的长毛覆盖。生活在长满树的地区、棕榈林和高海拔的灌木丛中。盔鼩鼱用一种分泌腺分泌的刺鼻物质标记领地，这个分泌物会在皮毛上留下斑点。吃杂草和竹芋（含淀粉的根和一些热带植物的块茎），也吃昆虫、蚯蚓和蟾蜍。

Blarina carolinensis
南方短尾鼩鼱
体长：7.5~10.5 厘米
尾长：1.7~3 厘米
体重：15~30 克
社会单位：独居
保护状况：无危
分布范围：美国东南部

夜间活动，生活在排水良好的硬木林或者松树林中。这些地区的落叶便于它挖地道。吃蜗牛、蝴蝶幼虫、甲虫和小的无脊椎动物。小眼睛、小耳朵、可以活动的长鼻子。一年交配 2 次，雌性产下 2~6 只重约 1 克的幼崽。

Suncus murinus
臭鼩鼱
体长：10~15 厘米
尾长：8 厘米
体重：23~147.3 克
社会单位：独居
保护状况：无危
分布范围：非洲东部和亚洲南部

它的样子看起来像老鼠，但是脸更长、更尖。雄性比雌性大很多，它的特征就是有分泌麝香味的腺体，能散发出强烈的与众不同的香味，这也是一种防御策略。生活在森林和农田中。用树叶和其他可利用的材料建窝，把窝建在隐蔽黑暗的角落。通过叫声和嗡嗡声进行交流。食物中的 80% 以上是昆虫和哺乳动物。在晚上捕食。在大约 1 个月的妊娠期后，雌性产下 4~8 只幼崽，12~20 天后断奶，35 天左右达到性成熟。

细长的吻
可活动，上面有很多专门的胡须。

Blarina hylophaga
短尾鼩鼱
体长：9.2~12.1 厘米
尾长：1.7~3 厘米
体重：13~16 克
社会单位：独居
保护状况：无危
分布范围：美国

背部是白金灰到黑色，腹部颜色较淡。身体健壮、尖嘴、小眼睛、被覆盖的小耳朵、短小的四肢。用一种香腺分泌物来标记领地。在 21 天的妊娠期后，雌性产下 4~10 只幼崽。

Megasorex gigas
墨西哥大鼩鼱
体长：8~9 厘米
尾长：4~5 厘米
体重：10~12 克
社会单位：独居
保护状况：无危
分布范围：墨西哥西南部

坚实的身体，长吻。用长吻挖土寻找幼虫、蠕虫、蜘蛛和其他猎物。脊背是棕黑色或者淡灰色，腹部颜色更淡。喜欢栖居在土壤潮湿地区和低山地区，生活在草地或森林里，也生活在半干旱地区。

Parascalops breweri
毛尾鼹

体长：11.6~14 厘米
尾长：2.3~3.6 厘米
体重：40~85 克
社会单位：独居或成对
保护状况：无危
分布范围：加拿大东南部和美国东北部

毛尾、短吻的特征把这种鼹鼠和这一地区的其他鼹鼠区分开来。它的毛厚且柔软，腹部有白色的斑点；随着年龄的增长，尾巴、腿和嘴巴都会变成全白色。

没有外耳，尾巴粗，肉多。毛尾鼹主要以蚯蚓、蚂蚁、甲虫的幼虫和蜈蚣为食，白天比晚上更活跃。雌性一般一年只生产一次，在 4~6 周的妊娠期之后，产下 4~5 只幼崽。幼崽是灰白色的，身上有皱纹，眼睛和嘴巴周围有几根毛。在繁殖期，雄性、雌性和幼崽一起住在地下通道中，之后又会分开住。

看不见的眼睛
隐藏在脸上的毛下面。

爪子
又宽又长，爪上没有蹼。

Desmana moschata
俄罗斯麝香鼠

体长：18~21 厘米
尾长：17~21 厘米
体重：450 克
社会单位：群居
保护状况：易危
分布范围：欧洲东部和亚洲中部

又长又扁的尾巴便于它在水中移动；尾巴特别长，跟身子和头加起来的长度差不多。用灵敏的长鼻子在淤泥里、河床的石头中间寻找猎物。它的食物中既有鱼，也有软体动物、两栖动物、甲壳类动物和昆虫。内部的皮毛又长又密，外面覆盖一层又长又粗的保护毛。头部和身体的毛是棕色的，腹部是灰色的。它长得像麝鼠。俄罗斯麝香鼠是群居动物，几对俄罗斯麝香鼠可以住在同一个洞穴中。在 40~50 天的妊娠期之后，雌性麝香鼠产下 3~5 只幼崽，1 个月后幼崽断奶。

蹼足
上面覆盖着粗毛，能增大游泳时的推力。

Solenodon paradoxus
海地沟齿鼩

体长：28~32 厘米
尾长：17~26 厘米
体重：1 千克
社会单位：独居
保护状况：濒危
分布范围：加勒比

有可以活动的长嘴、长尾巴，毛色从黑到红。腿、尾巴和耳朵的上半部分通常无毛。夜间活动，灵活迅捷。用爪子挖土寻找昆虫、蠕虫、小蜥蜴和果实。它撕咬时分泌的毒液不仅是一种防御手段，也是一种用来麻痹猎物的工具。

保护状况
沟齿鼩是最古老的哺乳动物中的一种。有限的栖息地被侵占、被破坏，使得沟齿鼩的数量日益减少。

Solenodon cubanus
古巴沟齿鼩

体长：28~39 厘米
尾长：17.5~25.5 厘米
体重：1 千克
社会单位：独居
保护状况：濒危
分布范围：古巴

头相对较大、长鼻子、小眼睛、粗尾巴；前足比后足大很多，上面有利爪。从下切齿的沟槽中分泌有毒的唾液。尽管移动时只用指头支撑，但跑得很快，爬树敏捷。夜间活动，吃蚯蚓、小型爬行动物、果实和树叶。雌性一胎产 1~2 只幼崽，幼崽和母亲一起生活几个月。

Condylura cristata
星鼻鼹

体长：18~19 厘米
尾长：6~8 厘米
体重：45 克
社会单位：可变
保护状况：无危
分布范围：加拿大东部、美国东北部

鼻尖上有 22 个灵敏的触手是星鼻鼹最突出的特征。在不到 1 平方厘米的触手上有超过 2.5 万个乳突感官；星鼻鼹的大部分大脑用来处理这些接收器发出的信息。"星星"是对称的，一边有 11 个，长在 1~4 毫米之间。圆柱形的身体很健壮，上面覆盖着浓密的短毛。背部从深棕到黑色，腹部颜色浅。在冬天，尾巴的直径可以变大 3~4 倍，是储存脂肪的地方。栖息地土壤潮湿，在河流、湖泊、池塘附近挖隧道。挖隧道时，触手合在鼻子周围，避免灌满土。洞穴的入口通常在水底。半水栖，星鼻鼹在水中游泳时，交替用前后爪划动，因此用独特的"之"字形前进。在冬天，可以在雪上挖掘，在冰冷的水中游泳。雌性星鼻鼹的妊娠期为 45 天，产下 2~7 只幼崽。幼崽出生时，耳朵和眼睛都没睁开，星星触手向下折叠，2 个星期后才能发挥作用。

地道
宽度比高度长，在同一个水源附近，可以延伸 250 多米。

敏感的射线
这些射线使这一独特的物种能够在水中嗅到和侦查到猎物。抓捕时，这22个位于鼻子周围的苍白多肉的射线或触手，不断地扭动折叠。

星状鼻
鼻尖的触手异常敏感，能竖起来，上面有被称作埃尔默器官的接收器。每一只星鼻鼹都有 3 种触觉接收器，2 种是其他哺乳动物也有的，1 种是这种动物独有的。

小嘴
这是为了捕捉到非常小的猎物，比如水蛭和蜗牛。

有力的前肢
在水中游泳用前肢，前肢上全都覆盖着一层膜，后肢上只是部分有膜。

马岛猬及其他

| 门：脊索动物门 |
| 纲：哺乳纲 |
| 目：非洲猬目 |
| 科：2 |
| 种：51 |

多种多样的马岛猬反映了它们为了适应不同的栖息地而做的进化。金毛鼹科动物都在洞穴内生活。一些动物身上的特征和不利的自然环境有关，比如代谢缓慢、体温下降。为了节约能量，它们也会进入冬眠状态。

Limnogale mergulus
蹼足马达加斯加猬

体长：12~17厘米
尾长：12~16厘米
体重：62~90克
社会单位：独居
保护状况：易危
分布范围：非洲西部和中部

它的毛短、浓密且柔软，棕色的毛皮上有红色和黑色的毛；腹部为浅黄色。和身体相比，头又小又宽，眼睛和耳朵都很小。这种刺猬的名字来源于有蹼足的后腿，用来在水中推动自己前进，又粗又有力的尾巴就像方向舵一样。白天在溪流附近的洞穴内睡觉，晚上去找食物：昆虫、幼虫、小蟾蜍。用前腿捕猎，随后把猎物放到嘴里，用后腿击打来削弱猎物的挣扎。

敏感的胡须
独特的短毛，触觉非常敏感。

Setifer setosus
多刺无尾猬

体长：15~22厘米
尾长：1.5厘米
体重：175~275克
社会单位：独居
保护状况：无危
分布范围：马达加斯加

身体细长，上面覆盖着带有白色刺尖的短刺，看起来有点像刺猬。头部和四肢上长有灰色到黑色的粗糙的毛。和刺猬一样，它也会把自己卷成一个刺球作为防卫策略。夜间活动，一年四季都很活跃。爬树灵敏，食物主要包括：蠕虫、两栖动物、爬行动物、昆虫、腐肉、果实和浆果。如果气候环境恶劣、食物缺乏，它可以进入为期数周的睡眠状态。

Micropotamogale lamottei
小獭鼩

体长：12~20厘米
尾长：10~15厘米
体重：125克
社会单位：独居
保护状况：濒危
分布范围：非洲西部

在宁巴山附近的小河、山间溪流或沼泽中生活。长尾巴、肉鼻子、圆脑袋。灰色或深棕色的毛很长，经常盖住眼睛和耳朵。夜间活动，吃小鱼、蟹和昆虫。捕猎时，短时间潜入水中，浮出水面进食。

Micropotamogale ruwenzorii
芦山小獭鼩

体长：12~20厘米
尾长：10~15厘米
体重：75~135克
社会单位：群居
保护状况：近危
分布范围：刚果和乌干达

半水栖，身上有对环境适应性的表现：后足为蹼足，浓密柔软的皮毛上有护毛，圆圆的尾巴，根部有长长的毛。生活在不同栖息地的小溪和小河周围。夜间活动。在水下的土滩中挖洞，洞穴的入口在水下。吃幼虫、蠕虫、鱼、蟾蜍和蟹。

Tenrec ecaudatus
普通马达加斯加猬

体长：26~39 厘米
尾长：1~1.5 厘米
体重：1.5~2.4 千克
社会单位：独居
保护状况：无危
分布范围：马达加斯加

夜间活动，独居，在同类面前具有攻击性。为了防御，普通马达加斯加猬会尖叫、把脖子上的小刺竖起来、跳跃、反攻、撕咬。它的身体上覆盖着粗糙的毛和锋利的刺，前腿要比后腿长很多。通常躲在溪流附近的洞穴中。有两种洞：一种是冬眠的洞，长为 1~2 米，冬眠时洞口盖着土；另一种洞是活跃期用的，有 2 个出口。雌性平均有 12 个乳头（个别有 30 个）。妊娠期为 50~60 天，通常产下十来只幼崽。9~14 天幼崽睁开眼睛，长到 3 个星期时，可以和母亲一起去寻找食物。

可以活动的长吻
用于在树叶间挖来挖去寻找无脊椎动物、爬行动物和小型两栖动物。

粗糙的披风
背上有尖尖的刺，呈栗灰色或灰红色。

树叶做的藏身所
住在牧草和干树叶造的窝里，窝建在靠近树干的地方或者建在岩石中间。

Hemicentetes semispinosus
条纹马达加斯加猬

体长：16~19 厘米
尾长：无
体重：80~275 克
社会单位：群居
保护状况：无危
分布范围：马达加斯加

以蠕虫为食
它的食物几乎都是蠕虫，但也会吃其他无脊椎动物和幼虫。

很多椎骨
胸椎骨的数量异常多：20021 块

竖起来的羽冠
头冠上竖起来的毛饰，在其受到威胁时，会立起来像羽冠一样。

毛有两种颜色，底毛是黑色的，上面有黄色、白色和棕色的条纹，这是它突出的特征。有三道条纹贯穿身体，第四道在脸上。身上的刺较为分散，用来防御。其中一些刺形成发声器，受到摩擦时，会发出刺耳的声音。冬天它会进入冬眠，但是也可以从睡眠中醒来寻找食物。生活在洞穴中，1 个洞穴内只有 1 只条纹马达加斯加猬；在交配期（特别是在雨季），20 只以上条纹马达加斯加猬成群地住在一起。如果雌性不想交配，就会在找到它的雄性面前把刺竖起来，甚至用刺攻击它。在 55~58 天的妊娠期之后，雌性产下 2~6 只幼崽，幼崽受到整个群体的保护。

Eremitalpa granti
荒漠鼹

体长：7~8 厘米
尾长：无
体重：15~30 克
社会单位：独居
保护状况：无危
分布范围：南非

毛柔软，比大部分鼹鼠的毛长，但是毛的长度会随季节而变化。通常脊背为灰色，两侧的毛发黄，面部和腹部的毛色淡。它的四肢短，位于身体下方。脊背和腹部是扁平的。前肢前三个指头上的爪子明显要宽、要长，中空，用来挖土以及在沙上游动。这是唯一一种第四爪相对发达的金毛鼹。独居，晚上到地面上寻找食物。在沙丘上奔跑觅食，用灵敏的听觉和嗅觉侦查猎物。对于荒漠鼹的繁殖特征所知甚少，据估计雌性的妊娠期在4~6周之间，随后产下2~3只幼崽。幼崽刚出生时，毫无自我保护能力，2~3周后断奶。

Amblysomus hottentotus
霍屯督金鼹

体长：11.5~14.5 厘米
尾长：无
体重：40~101 克
社会单位：独居
保护状况：无危
分布范围：非洲南部

它是非洲南部分布最广的一种金鼹。生活在土壤松软的温带草原、海边的森林地区或多树草原的地道中。身体呈柱形，上面覆盖着红色到深棕色的毛。在平直的有光泽的外毛下面有一层内毛，内毛防止地下的潮气侵入身体。霍屯督金鼹眼睛被毛皮覆盖，完全是瞎子；没有明显的耳朵，耳孔被毛覆盖；鼻孔有肉垫保护。这些特征避免挖掘时沙子进入，弄脏鼻子。用前足的第二和第三个爪子挖土。建造复杂的洞穴，有地道、各个室和小洞，在被掠食者追踪时，充当藏身之所。

夜间活动，独居，陆栖，在同类面前具有攻击性，但倾向于与不和它争夺食物的物种共同生活。在雨季时最为活跃，那时食物资源也最为丰富。追求异性可能会非常"暴力"：雄性追着雌性，强迫交配。雌性一年可产好几胎，每胎产下1~3只幼崽。雌性甚至还会在哺乳上一窝的幼崽时，再次怀孕。幼崽刚出生时非常轻，母亲哺乳其长到35克左右，随后会被强迫离开洞穴。

挖土的鼻子
鼻子上有个小垫子，有助于挖土，也防止沙子进入鼻孔。

猎物
蚂蚁、白蚁、甲虫、蜥蜴及其他沙漠中的动物。

Chrysochloris asiatica
金毛鼹

体长：9~14 厘米
尾长：无
体重：可达 50 克
社会单位：独居
保护状况：无危
分布范围：非洲南部

皮毛柔软浓密，颜色为橄榄色、棕色或灰色。鼻子上有一个无毛的鼻垫。小眼睛、小耳朵，前腿上有挖土的长爪子，适应在隧道里的生活。吃幼虫、蠕虫和其他在挖掘时发现的或者掉入其洞穴内的小动物。

Chrysospalax trevelyani
巨金鼹

体长：12~17 厘米
尾长：无
体重：85~142 克
社会单位：可变的
保护状况：濒危
分布范围：非洲南部

毛色在淡黄色、棕红色和黑色之间变化，上面有金色或青铜色的光泽。呈纺锤形，四肢短、前爪长。没有尾巴和耳朵，小鼻子，眼睛被毛皮覆盖。吃蚯蚓、白蚁和千足虫。吸引异性时有一个仪式：雄性发出叫声，扭头晃脑，乱跺脚；雌性以刺耳的尖叫声进行回应。

保护状况

由于人类的乱砍滥伐和过度放牧，栖息的森林在不断减少，现在只剩下约500平方千米。当地人口的增加给它带来了被狗袭击的风险。尽管有现行的保护措施，但是仍然远远不够。

树鼩

| 门：脊索动物门 |
| 纲：哺乳纲 |
| 目：树鼩目 |
| 科：树鼩科 |
| 种：19 |

看起来长得像松鼠。尽管被通俗地称作树栖鼩鼱，但树鼩的大部分时间是在地面上度过的。通常是独居，但是一些树鼩也会成对生活或者群居。指粗大，指甲弯曲，能紧紧抓住岩石或树枝，用长尾巴保持平衡。一开始被列为食虫目，现在自成一目。

Tupaia minor
倭树鼩

体长：11.5~13.5 厘米
尾长：13~17 厘米
体重：50~70 克
社会单位：独居
保护状况：无危
分布范围：亚洲东南部

脊背上有橄榄棕色或者红色的斑点，身体内侧为白色或者米色。长得像松鼠，但尖吻、无胡须这些特征把它和松鼠区分开来。

倭树鼩主要栖息在树上。生活在森林地区，是敏捷的爬树"高手"。

发达的感官
鼻子、眼睛、耳朵突起，赋予它敏锐的感觉。

用后腿紧紧抱住树枝，用前腿支撑起腹部，从一根树枝移到另一根树枝上，而又不失去平衡。

白天在树枝、灌木丛和倒下的树干间跑来跑去，寻找食物。它的食物主要有小动物、果实、树叶、种子和腐肉。胃小且简单，消化时间在20~45 分钟之间。通常坐在后肢上，用前足吃东西，就像松鼠一样，同时留意着掠食者的出现，比如蛇、树栖猫科动物和猛禽。这种树鼩，腹部有腺体，能分泌一种气味，它用这种气味标记活动范围，赶跑同性的同类。雌性的妊娠期在46~50 天之间，之后产下1~3 只幼崽。幼崽刚出生时体重在6~10 克之间，生活在位于叶子之间的巢中，同时靠母亲喂养它们。在第一个月内，母亲只是偶尔回来给它们喂奶。

抓紧握牢
长爪子，锋利的爪子和肉垫上的疖疤使它能紧紧地抓住树皮和岩石。

Tupaia tana
大树鼩

体长：16.5~32.1 厘米
尾长：13~22 厘米
体重：154~305 克
社会单位：独居
保护状况：无危
分布范围：亚洲东南部

是树鼩目所有种中在陆地上生活时间最长的一种，会短时间在树上，只为了查看附近是否有危险。日间活动，大树鼩是所有树鼩中最活跃的（雌性比雄性活跃）。背部为深棕色，腹部颜色发红，肩部有淡黄色的条纹，后半身有一条黑色的条纹。长吻，大眼睛没有睫毛，耳朵毛发稀疏。主要在地面上寻找食物（甲虫、蚂蚁、蜘蛛、蠕虫、蜈蚣和其他无脊椎动物）。雄性先追求雌性，实行一夫一妻，和雌性一起分享领地。雌性在窝里产下1~2 只幼崽。窝建在地面上，用木柴纤维建窝，围一圈树叶。哺乳期在25~33 天之间。

哺乳动物（上） 57

分类

最初，树鼩被列为食虫目，现在已经不采用这个分类方法了。之后把它和灵长目动物归为一类，因为它和这些动物有一些相似之处。然而现在的基因研究表明，它们是一个古老的种群，有着独立的进化史。因此，它们自成一目——树鼩目。这一目中仅有一科，下面分为两个亚科。毛尾树鼩是毛尾树鼩亚科中的唯一一种，其他 18 种树鼩属于树鼩亚科。

解剖学和繁殖

树鼩的外表和松鼠有很大的相似之处，甚至有松鼠最突出的特征：长尾巴，上面有浓密的毛。但是树鼩也有一些特征把它和松鼠区分开。它没有敏感的胡须，后足上有 5 个有功能的指头，这些就是最明显的差别。雄性树鼩有从阴囊进化来的睾丸，这和灵长目动物的解剖学特征一样。雌性树鼩平均每胎产下 3 只幼崽，在一个树叶做的窝里进行分娩。窝是由雄性造的，建在树洞里。

举止行为

在地上奔跑或敏捷地爬树，寻找昆虫、蠕虫、小型脊椎动物和果实。进食时，用前足抓着食物，通常蹲着，警觉着掠食者的到来。用敏锐的视觉、听觉和嗅觉寻找食物，感官非常发达。一些种类的树鼩会结成永久的夫妻，分享领地，共同御敌。为了方便认出彼此，用气味标记双方和幼崽。但是母亲的照顾是很少的，有些雌性两天才去看一次幼崽。

Tupaia glis
普通树鼩

体长：19.5 厘米
尾长：16.5 厘米
体重：142 克
社会单位：群居
保护状况：无危
分布范围：亚洲东南部

半陆栖动物，以节肢动物、果实和树叶为食。雌性有两对乳头，每胎产下多达 3 只幼崽。生活在热带森林、种植园和花园里。摩擦两种臭腺来标记领地。

Anathana ellioti
南印树鼩

体长：17~20 厘米
尾长：16~19 厘米
体重：150 克
社会单位：独居
保护状况：无危
分布范围：亚洲南部

脊背上有淡黄色和棕色的斑点；头相对较大，尖吻。白天在土壤里和低灌木丛中寻找蠕虫、昆虫和果实。在松软的土壤和石头间建造夜间的藏身所。

平衡
在树枝间攀爬迅速，尾巴保持平衡。

不断运动
几乎在不断地摆动有鳞片的尾巴。

Ptilocercus lowii
笔尾树鼩

体长：10~14 厘米
尾长：13~19 厘米
体重：25~60 克
社会单位：可变
保护状况：无危
分布范围：亚洲东南部

尾巴上几乎无毛，尾尖有细密的白色长毛，这是它突出的特征。背部呈略带灰色的棕色，腹部呈略带灰色的黄色。善于爬树，大部分时间在树上度过。成对或结成小群体生活，生活在树洞或树枝上的窝里。夜间活动，吃蠕虫、昆虫、老鼠、小的鸟类、蜥蜴和果实。一个群体中可以有 2~5 只个体。

Urogale everetti
菲律宾树鼩

体长：17~22 厘米
尾长：13~18.5 厘米
体重：350 克
保护状况：无危
分布范围：菲律宾

活动主要集中在白天，尤其是早上。在土壤或灌木丛中寻找昆虫、蠕虫和软的果实，这是它的主要食物。有大眼睛、又长又窄的吻部和非常突出的耳朵。

象鼩

| 门：脊索动物门 |
| 纲：哺乳纲 |
| 目：象鼩目 |
| 科：象鼩科 |
| 种：15 |

这一目中所有物种的通称来源于它们长长的可以活动的尖吻，使人联想起大象的长鼻子。陆栖动物，听觉、嗅觉和视觉非常发达。从四肢的解剖结构上看，长腿有力，是"跑步健将"。生活在不同的栖息地，在非洲分布广泛，除了非洲西部和撒哈拉沙漠之外，均有分布。

Petrodromus tetradactylus
四趾岩象鼩

体长：19~23 厘米
尾长：13~18 厘米
体重：155~280 克
保护状况：无危
分布范围：非洲东部

名字的来源是后肢只有 4 趾。脊背是灰色的，腹部颜色更浅，眼睛周围有一圈白色的毛。生活在森林、牧场和灌木地区。以蚂蚁和白蚁为食。主要活动时间是在天亮前和天黑后。

Rhynchocyon chrysopygus
金臀象鼻鼩

体长：27~19 厘米
尾长：23~26 厘米
体重：525~550 克
社会单位：独居或成对
保护状况：濒危
分布范围：非洲东部

颜色多样是它突出的特征：腿和耳朵呈黑色，无毛；尾巴主体为黑色，尾尖白色；头和身体颜色微红，上面有一块金色区域。以蠕虫、昆虫和蜈蚣为食。生活在肯尼亚沿海地区潮湿浓密的灌木丛中，通常是一夫一妻制。

Rhynchocyon cirnei
东非象鼩

体长：22.9~30.5 厘米
尾长：17.8~25.4 厘米
体重：408~550 克
社会单位：群居
保护状况：近危
分布范围：非洲中部和东南部

栗色的毛，有深色的条纹。后腿比前腿长很多，所以身体呈弯曲状。用可以活动的鼻子和长舌头在地面上获取食物。成对或结成小群体生活。主要在白天活动。

Elephantulus rufescens
赤象鼩

体长：12~12.5 厘米
尾长：13~13.5 厘米
体重：25~60 克
社会单位：独居或成对
保护状况：无危
分布范围：非洲东部

毛色为灰色到棕色，身体内侧为白色。它的鼻子长且灵活，几乎一直都在动。后肢比前肢长很多，像袋鼠一样跳跃。以小动物为食，也吃果实、种子和嫩枝。在大约 60 天的妊娠期之后，雌性 1 次产下 1~2 只幼崽。领地由"夫妻"双方共同守护，它们会使劲蹬后腿来赶跑敌人，这也是雄性迎击其他雄性、雌性打击其他雌性的方式。用一条小路来划定活动领地，在掠食者出现时，这条小路也是逃生通道。它的敌人有游隼、蛇和雕鸮。

眼眶
眼圈为白色，外围有深色的毛。

鼯猴

门：脊索动物门
纲：哺乳纲
目：皮翼目
科：鼯猴科
种：2

尽管也被称作飞行狐猴，但是这种动物并不是真正的狐猴，它们也不会真正地飞行，而是滑翔。由于不能走路，它们只能在树干上爬来爬去。它们身体周围有大而薄的滑翔膜。白天在树洞里休息，晚上进食。生活在亚洲东南部潮湿的森林里。

Cynocephalus variegatus
马来亚鼯猴

体长：33~42 厘米
尾长：17.5~27 厘米
体重：0.9~2 千克
社会单位：可变
保护状况：无危
分布范围：亚洲东南部

皮毛短且薄，脊背部为栗灰色，上面有一些红色或灰色的毛，通体有浅颜色的斑点；体内侧颜色较暗淡。和身体的体形比起来，马来亚鼯猴的脑袋小，耳朵又小又圆，吻部不尖。这一物种生活在马来西亚、泰国和印度尼西亚。在黎明时和晚上活动。白天在树洞里休息，或者在高高的树冠上的叶子中间打盹。森林是它们天然的栖息地，但是在居民点附近也能发现它们的身影。

有一个专门的胃，能让它消化大量的叶子。叶子是它们的主食。此外还吃花朵、果实、嫩枝、花蜜和汁液。在2个月的妊娠期之后，雌性只产下1只幼崽，幼崽的哺乳期为6个月。幼崽紧紧抓住母亲，甚至在母亲跳跃和滑翔时也是这样。母亲的膜可以当作幼崽的藏身所。尽管没受到威胁，但是它们的数量也在减少。

大眼睛 朝向前方，眼睛闪闪发亮，视力发达。

特殊的膜 从脖子延伸到爪子、脚和尾巴。

Cynocephalus volans
菲律宾鼯猴

体长：33~38 厘米
尾长：17.5~27 厘米
体重：1~1.75 千克
社会单位：可变
保护状况：无危
分布范围：菲律宾

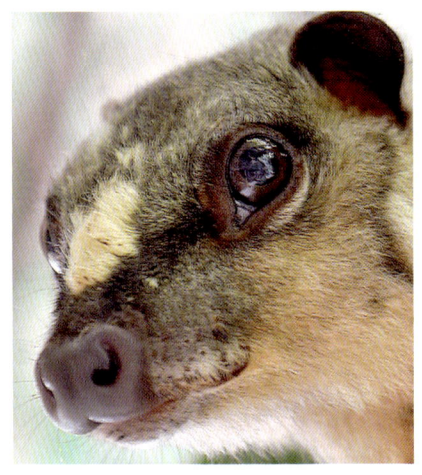

滑翔距离长达100米，这是它们最有效的运动方式，在地面上毫无自保能力，爬树也缓慢。菲律宾鼯猴的毛色是多样的，但是雄性通常是棕色的，雌性是淡灰色的。雌雄两性身体内侧的颜色都比较暗淡，身上有斑点，使它们看起来像树皮。这种鼯猴眼睛很大，视觉发达，使它们能够准确着陆。夜间活动，主要以树叶为食，白天待在树洞里或在树枝上休息，用膜把自己包起来。在60天的妊娠期之后，雌性一次产下1~2只幼崽。

蝙蝠

蝙蝠的肢体进化为翅膀,作为唯一一种会飞的哺乳动物,散布在全球的各个角落。尽管它们的名声不太好,但是所有蝙蝠都具备的主要生命功能,如对昆虫的控制、传授花粉以及散播种子等,都是利于生态系统的发展的。

什么是蝙蝠

主要分为两大亚目,来自旧世界的食果性大翼手亚目以及来自美洲的食虫性的小翼手亚目。爱夜行与群居的蝙蝠组成了许多个栖息群体,白天通常躲避在洞穴、树干或废弃的大楼里。尽管它们在全球都有分布,但同时也面临着许多威胁。

| 门:脊索动物门 |
| 纲:哺乳纲 |
| 目:翼手目 |
| 科:18 |
| 种:1100 |

小翼手亚目
大部分吃昆虫,有些吃鱼与老鼠,一小部分吸血。

唯一会飞行的哺乳动物

蝙蝠"murciélago"这个词汇来自拉丁文,翻译作盲鼠。这一词汇很可能在中世纪就已存在,它起源于两个错误的认知:这一会飞的哺乳动物居然与啮齿类还有失明这两点相关联。19世纪初,再次提及这一动物便有了新的词汇:"quirópteros"翼手目,来源于希腊语,可以译作长翅膀的双手。

上千种蝙蝠占了哺乳动物现有种类的近1/4,在数目上,仅次于啮齿类动物。尽管种类繁多,但是大部分蝙蝠都长相相似,与其他哺乳类动物区别开来的唯一特征就是它们独特的飞行能力。蝙蝠的翅膀有一层飞行薄膜,使其可在空中扑翼飞行很长的距离。

蝙蝠有大有小,小至2克,如泰国猪鼻蝙蝠;大至1.5千克,如巨型狐狸蝙蝠。即便所有的蝙蝠都有看东西的能力,但是它们中的大部分眼睛都非常小,要靠声波定位来飞行。蝙蝠发出超声波并利用折回的声音来定向,这种空间定向方法称为回声定位。

起源与进化

关于蝙蝠进化的研究引起了多方争议。在很长的时间内,人们总把它们跟啮齿类动物进行比较,并把它们与灵长类动物相关联。当下,蝙蝠终于有了自己的目,称为翼手目。据估计,蝙蝠的

蝙蝠面临的威胁

尽管蝙蝠种类繁多,天敌很少,但近年来蝙蝠的数目却不断锐减。栖息地变少、农药中毒以及在某些国家的狩猎行为是其面临的主要威胁。此外,蝙蝠通常一次只产1胎,低下的繁殖率更是其一大弱点。

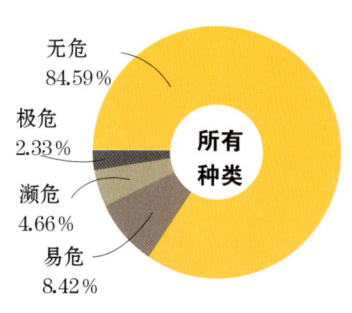

无危 84.59%
极危 2.33%
濒危 4.66%
易危 8.42%
所有种类

远亲是喜夜行的树栖小型哺乳动物，类似于食虫性的鼩鼱。

目前，在美国绿河找到了最古老的始新世蝙蝠化石，距今有5200万年之久。但是，人们认为蝙蝠这一哺乳动物的历史可追溯到7000万年前。这一化石记录显示了一个令人惊奇的信息：当下的蝙蝠与它们的祖先并无很大差异。

翼手目总共分为两大亚目：来自旧世界的食果性大翼手亚目，还有美洲的小翼手亚目（在欧洲、亚洲、非洲与大洋洲均有这一亚目的存在）。大翼手亚目下只有一个科：狐蝠科，它们的面部跟狐狸相似并且没有回声定位能力；至于小翼手亚目大部分都是食虫性的并且靠回声定位来搜捕食物。尽管小翼手亚目如此命名，但是有些小翼手亚目在体形上还是比一些大翼手亚目要大些。

遍布全球

蝙蝠的飞行速度可达50千米/时，这使得它们可轻易飞越长距离并在大范围内搜索食物资源。尽管蝙蝠几乎遍布全球，但它们在热带地区更为多见，在极地还有一些岛屿上分布较少，因为严寒使得它们获取食物异常困难。

在不同栖息地，蝙蝠的形态也会有所不同。在树木繁多的地区，蝙蝠的翅膀会比较长、比较宽，更具有伸展性，相反那些翅膀较为窄小的物种飞行速度会更快。

在太阳落山之后，蝙蝠才开始它们的活动，需要四处寻找食物以度过漫漫长夜。白天的时候，它们保持着休息的姿态，只有察觉到危险或者天敌的到来才会中断睡眠。它们通常会通过尖叫或者其他恐吓性行为来躲避威胁。那么，蝙蝠究竟是如何休息的呢？来自旧世界的食果性蝙蝠会用翅膀把身子包裹起来，并保持头部与胸部直立，而美洲蝙蝠会把翅膀收缩在身体两旁并头部朝下。它们一般在洞穴、树干、废弃的大楼里休憩，这些地方一般能给它们提供安全的庇护，能够抵御敌人与防御外部的严寒或酷暑。

许多蝙蝠都能够调节自身体温，尤其在休憩的时候，为了减少体能消耗，它们的体温通常会降低。一些温带地区的蝙蝠无法抵挡冬季的食物匮乏，会选择冬眠，而有一些则会迁徙到比较温暖的地区。

社会结构

成千上万的蝙蝠会在群居的聚居地生活。尽管蝙蝠有着突出的群居性与社交性，但在它们的组织结构内大部分不存在等级制度或头目。雌雄蝙蝠与幼崽会共享栖息地，更有甚者，不同品种的蝙蝠也能够融洽地生活在一起。尽管蝙蝠喜欢聚集成群的原因还未查明，但是可以确定的是，群居的蝙蝠冬眠后的体重会比那些独居的要重些。

蝙蝠通常在夏天交配。繁殖期常与觅食期相吻合：素食类蝙蝠常在植物开花结果的时期交配，至于肉食性蝙蝠则在昆虫繁盛的时期交配。

雌蝙蝠会把它们的幼崽抱在胸前或者背在背后，根据种类的不同，给幼崽哺乳几个星期甚至几个月。当幼崽长大成形并获得飞行能力以及捕食能力之后，会离开它们的母亲开始独立生活。有些蝙蝠品种的长大成形期需要3个星期。

大翼手亚目
绰号"会飞的狐狸"，与其他小翼手亚目不同，有着大大的眼睛及异常锐利的夜间视力。

蝙蝠的迁徙

大部分冬眠蝙蝠都面临着不利的的环境条件，但有些种类的蝙蝠会迁徙到比较温暖的地方。它们大部分为蝙蝠科，这是翼手目中分布最为广泛的一科。在树枝上栖息或定居的蝙蝠比那些住在洞穴的蝙蝠更喜好迁徙，因为在洞穴里环境气温的稳定性会比较高。

迁徙地域
20种蝙蝠科的蝙蝠都有喜好迁徙的习惯，大多数蝙蝠会迁徙近1000千米，其他的蝙蝠迁徙地域会相对小一些，更有甚者迁徙距离少于100千米。

饮食

蝙蝠的饮食多种多样，但是它们大部分都吃昆虫。当然也有进食果实与花蜜的蝙蝠，它们可以作为自然界传花授粉的使者。嗜血蝙蝠毕竟是少数，在千万个品种中大概只有3种蝙蝠吸血。

在自然界中的重要性

食花粉的蝙蝠会在各个花朵之间传送花粉以完成植物的繁殖，而食果性蝙蝠会把摄食的果实种子排出，使其散布到距离母本植物很远的地方。因此，蝙蝠的数目锐减使得亚马孙的许多野生植物的繁殖都面临着威胁。

"素食主义者"

进食果实、花蜜与花粉，深居在热带丛林的高处，在树木枝头上更容易找到大片盛开的花朵。

授粉过程

❶ 进食花粉：聚拢的花瓣使得蝙蝠不得不把头深入到花朵内部才能完成觅食，因此，它们的皮毛都沾满了花粉。

❷ 飞向远处：飞向远方以寻找更多资源，蝙蝠自身带着花粉飞向其他野生植物群。

❸ 再次觅食与授粉：当蝙蝠把头深入其他花朵里，毛发上带有的花粉散落在这一花朵里，完成传授花粉，以便植物繁殖。

500
在美洲大陆通过蝙蝠传授花粉完成繁殖的植物种类。

悬空的双腿

蝙蝠为了能够在天敌接近时迅速地逃离，它们的双腿是不会停留在花上的。

食虫性蝙蝠

蝙蝠是夜间最佳的昆虫捕手。70%的蝙蝠通过回声定位来捕食无脊椎动物。

大量猎食

每隔6~9秒就能捕抓到一只蚊子，在1小时之内能进食500只昆虫，通常一个晚上下来蝙蝠的体重能增加25%。

哺乳动物（上）

纯天然杀虫能手
在有机植物园中，无须杀虫剂，蝙蝠便能把昆虫吃光。

伟大的捕食者
有些蝙蝠吃老鼠，一般听到老鼠交配时发出的叫声后蝙蝠就会捕杀它们。

引人注目
为了能够授粉，花朵要吸引蝙蝠。有些花朵会散发出浓烈的香味，有些花更是到了夜晚才会开放。

长鼻蝙蝠
Leptonycteris yerbabuenae

200
依靠蝙蝠传授花粉的亚热带树木与灌木丛种类

功能特征
蝙蝠为了能够尽可能地觅食，会把舌头伸得很长，甚至达到与体长相当的长度。

食果性蝙蝠
香蕉、无花果、杜果与桃子是食果性蝙蝠的主要食物。这一类型的蝙蝠具有大大的眼睛，更有甚者具有日间视力。

吸血蝙蝠
尽管围绕着蝙蝠有许多惊恐的故事与谣言，但是实际上只有3种蝙蝠是吸血的：吸血蝠、白翼蝠与有毛腿吸血蝠。

果实外露
如同花朵般，果实也必须适应环境使得其种子更容易被蝙蝠获得。许多果实呈开裂状，果皮敞开着好让种子外露。

哺乳动物的血液
吸血蝠是唯一一种只吸食哺乳动物血液的蝙蝠，而其他两类蝙蝠则吸食鸟类的血液。这类吸血蝙蝠尽管不吸人血，但家畜或野生动物皆是它们吸食的对象。

解剖结构

蝙蝠大小各异，千差万别。最小的蝙蝠的翅膀只有16厘米，而最大的蝙蝠的翅膀可达2米。然而，蝙蝠的长相形态却是类似的：身体被软而短的皮毛覆盖着，颜色呈黑灰或棕色。前肢进化为翅膀，后肢具有抓握的能力。听觉与触觉是它们最发达的感官。分布在各个地区的蝙蝠饮食习惯不同，它们的牙齿长得也不同。

带翼的前肢

蝙蝠的前肢进化为翼以便飞行。翼膜实际上由两层皮肤组成，从其颈部自上而下蔓延开来，身体的两侧、前肢、后肢乃至尾巴均有这两层皮肤。这层翼膜的延展性非常好，当蝙蝠展开前肢时，翼膜会自然打开，而收拢前肢时翼膜会收缩。倘若蝙蝠的翅膀被戳个小洞，随着时间的推移这个小洞会自动收缩，但是，如果是大面积受损，它并不会自动愈合并结痂。食虫性蝙蝠尾部的翼膜有更好的延展性。有些蝙蝠是没有尾巴的，如狐蝠；而有些蝙蝠的尾巴又长又细，如那些常见的蝙蝠。

肌肉与骨头结构

蝙蝠的翅膀具有许多血管与神经，此外，还有5块专门为飞行而备的肌肉。当蝙蝠扑翼飞翔的时候还会带动胸与腰部的肌肉，脊柱是交合的，肋骨是扁平的，而锁骨是强而有力的，大多数蝙蝠在向下滑行的时候会用到突出的胸骨。这些骨头特征为蝙蝠带来了必要的支撑，使它们得以完成展翼飞翔。蝙蝠的膝盖还有下肢的生长方向与其他哺乳动物有所不同。此外，蝙蝠的臀部可旋转至90度。

面部特征

蝙蝠的鼻子短而扁平，有大大的鼻孔，由单层或多层褶皱组成，根据不同的品种，褶皱层数也不一样。几乎所有种类的蝙蝠头部都很小，有些种类的耳朵会异常大。牙齿根据不同的饮食习惯也会长得不一样。肉食性或杂食性蝙蝠拥有发达的门牙或犬齿，相反素食性蝙蝠的牙齿会相对小一些并且不那么锋利。而吸血蝙蝠的牙齿进化成便于吸血的形状，它们通常用尖尖的牙齿深深插入其他动物的皮肉中，并分泌一种唾液防止其血液凝结。

后肢

蝙蝠的后肢相对身体其他部位会显得粗短些，但是异常强壮。这使得蝙蝠在休息的时候可以牢固地保持体位：头部朝下，双爪松开以便自我清洁。有些喜爱捕鱼的蝙蝠会长出长长的下肢，以便在鱼儿刚浮出水面时就可以牢牢地抓住它们。

哺乳动物（上） 65

骨头比对

蝙蝠前肢的骨头结构跟其他哺乳动物与鸟类是一样的。然而，与其他哺乳动物相比，它们的"手"已经进化为翼。大部分蝙蝠的拇指很短并演变成爪子，其余 4 个指尖却十分细长且脆弱，即使骨折了也能轻易地连接起来。蝙蝠第三个指尖是 5 个指尖中最长的。

人类的臂膀
上臂与前臂的骨头长度一致，像蝙蝠一样手上长着 1 根拇指及 4 根手指。

鸟类的翅膀
相对"手指"而言，臂很细长，而且"手部"的骨头是闭合的，有助于加强两翼的刚性。

蝙蝠的两翼
可以自由移动双翼以及轻易地改变方向。并无闭合的骨头，更富灵活性。

参考
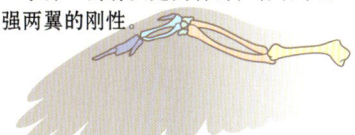
- 上臂
- 前臂
- 腕
- 掌骨
- 手指

可弯曲的耳朵
在冬眠期间弯曲在蝙蝠两翼之下。

翅膀内叶
有些种类的蝙蝠的翅膀内叶纹路会比较清晰。

"拇指"

第二根"指头"

第四根"指头"

第五根"指头"

第三根"指头"

发达的感官
蝙蝠的听觉以及触觉是它们最发达的感官。它们通过发出超声波并检测回声（又名回声定位）来确定空间分布范围以及追捕猎物。许多品种的蝙蝠长着大大的朝前的耳朵，翅膀上的触觉感受器也有助于飞行以及抓捕昆虫。食虫性蝙蝠通常通过回声定位系统来抓捕昆虫，因此，它们视力不发达也没有关系。相反，素食性蝙蝠需要用到夜间视力，鼻尖上的褶皱有着敏感的触觉及嗅觉以便寻找成熟的果实与花朵，有些花、果会发出强烈的气味来吸引蝙蝠。

皮毛类型
刚出生的蝙蝠皮肤呈粉红色而且光秃秃的没有毛发。随着慢慢长大成形，身体表面大部分会长出浓密粗短而柔滑的毛发，一年更换一次。通常只有其中一种颜色：褐色、黑色、灰色、微红色、偏橙色或淡黄色。

有些种类的蝙蝠通体呈白色（如洪都拉斯的白蝙蝠），有些种类的蝙蝠在脸部与腰部呈现出白条纹（如南美洲与中美洲的白纹蝙蝠）。当然也存在着其他种类的蝙蝠，比如亚洲彩色蝙蝠，通体橙色，无毛，四肢之间的翼膜有黑色底纹。

灰色大耳蝙蝠
是捕杀小型夜蛾、苍蝇与飞行中的甲虫的专家。

回声定位

蝙蝠拥有回声定位系统,通过发出超声波以及检测回声来躲避黑暗中的障碍物以及捕获猎物。尽管蝙蝠并不是唯一拥有回声定位能力的动物,但是它们确实是最高效地利用这一能力的哺乳动物,尤其是在食虫性蝙蝠身上,这一能力更为显著。

第六感

蝙蝠靠回声定位来抓捕猎物,回声定位系统就如同一个雷达在蝙蝠周围发出超声波,蝙蝠通过收到的回声得知猎物的位置。这个系统并不像我们所想的那么简单,有时候蝙蝠也会撞到探测不明的障碍物。

夜间使者

回声定位系统不仅使得蝙蝠可以在夜间通行无阻,也可以让它们轻易地捕获猎物,尽管它们的视觉并不发达。小棕蝠可以发出 40~80 千赫的超声波并在 3~10 毫米直径范围内抓捕到昆虫。

发出超声波
由喉咙发出的超声波通过鼻子与嘴巴传出,有的蝙蝠甚至由鼻叶来传导声波。

微弱的视力
尽管蝙蝠眼睛很发达,但是缺乏锐利的视觉。

尖锐的牙齿
可以快速地吞咽猎物,每秒可啃咬猎物7次。

硕大的耳朵
硕大的外耳的作用是捕捉回声,而内耳用来净化声音。

尾膜
降落时尾膜可用来包裹猎物。

200 米
蝙蝠通过回声定位可检测到的最大距离。

各种波段
蝙蝠可勘测到的超声波的回声,根据猎物的尺寸、质地以及飞行模式而有所不同,这可以帮助蝙蝠在捕食之前就可知道是什么类型的猎物。

小棕蝠
Myotis lucifugus

昆虫雷达

蝙蝠发出的声音振动持续时间在 2~5 毫秒之间。越是靠近它们的猎物,回声折回的时间就越短,且音量越大,定位更加精确。

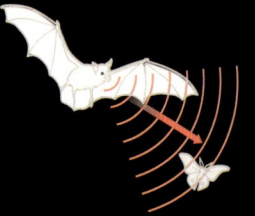

① 蝙蝠通过发出高频率的声波来探寻周围的昆虫。

② 声波到达昆虫身上会发生反弹并被蝙蝠所接收,而且可根据声波类型来判断昆虫的种类。

威胁
风力发电机使得其周围的气压变低，这对有些蝙蝠是致命的威胁之一。

进化
最古老的蝙蝠化石距今有5500万年，且表明蝙蝠在会回声定位之前就已经学会了飞行。

其他会回声定位的动物
除了蝙蝠之外，鲸鱼也具有回声定位能力。海豚会通过发出短暂的低频声波来判断海底的地形情况。

55 千米 / 时
蝙蝠所能达到的最快的飞行速度。

翅膀的击打
当猎物到达蝙蝠的捕捉范围之内，有些蝙蝠会大力扑翅来给猎物致命一击。

独有的器官
在海豚突出的前额上有一个独特的器官，被称为"额隆"，那里有一种油性物质，可以向猎物发出超声波并接收回声。

声波频率
声音靠振动在固体、液体与气体媒介中传播，其强度由每秒振动的频率所决定，计算单位为赫兹。人类耳朵能听到的声波频率为20~20000 赫兹之间。各种动物之间听力频率都不相同。许多动物品种如蝙蝠可以听到频率更高的声波，如人类无法听到的超声波。

次声波					超声波
	次低音		中音		
		低音		高音	
0	20 赫兹	100 赫兹	400 赫兹	40000 赫兹	200000 赫兹

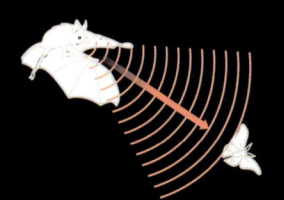

3 一旦获得昆虫的定位信息，蝙蝠会朝它发出更加精确的超声波。

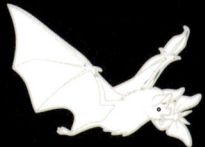

4 通过再次获得的声波，蝙蝠就可得知昆虫的分布范围并捕获它。

低频音波
来自马达加斯加的马岛猬可以通过舌头发出低频音波，以便定位地上四处游走的虫子。同时，发出超声波也是它们与同伴相互沟通的方式。

狐蝠

| 门: 脊索动物门 |
| 纲: 哺乳纲 |
| 目: 翼手目 |
| 亚目: 大翼手亚目 |
| 科: 1 |
| 种: 173 |

狐蝠,又名"会飞的狐狸",因其体形以及鼻子跟狐狸十分相像而得此称号。此外,因为它们只吃素食,包括果实与花蜜,又名果蝠。它们只生活在亚洲、非洲与大洋洲的热带地区,因此又被命名为来自旧世界的蝙蝠。除了棕果蝠这类狐蝠会回声定位之外,其他狐蝠都没有这一能力。

Pteropus rodricensis
罗德里格斯狐蝠

体长: 20 厘米
尾长: 无
体重: 350 克
社会单位: 群居
保护状况: 极危
分布范围: 印度洋的罗德里格斯岛

罗德里格斯狐蝠通常出现在毛里求斯岛以及龙德岛。由于森林砍伐与狩猎行为的增加,导致其数目从 1974 只锐减至少于 100 只,尽管后期的人为保护使得其存活数目有所增加,但是它们的生命仍时刻遭受威胁。外部环境的恶劣,尤其是旋风与水资源缺乏,给易受干扰的罗德里格斯狐蝠带来严重的生存危机。在森林的残木上乃至高空的 200 米处都可以寻找到罗德里格斯狐蝠的身影。酸角是它们的主要食物资源,当然它们也进食其他果实。罗德里格斯狐蝠通常群居,以雄狐蝠为首。妊娠期为 120~180 天不等,其幼崽刚出生时重约 45 克,一年之后可独立生活,再隔一年达到性成熟状态。

保护状况
由于这一类型的狐蝠是濒危动物,人们想通过圈养繁殖的生态项目来保护它们。目前,在全球的 30 个动物园都建立起了人工圈养的项目。

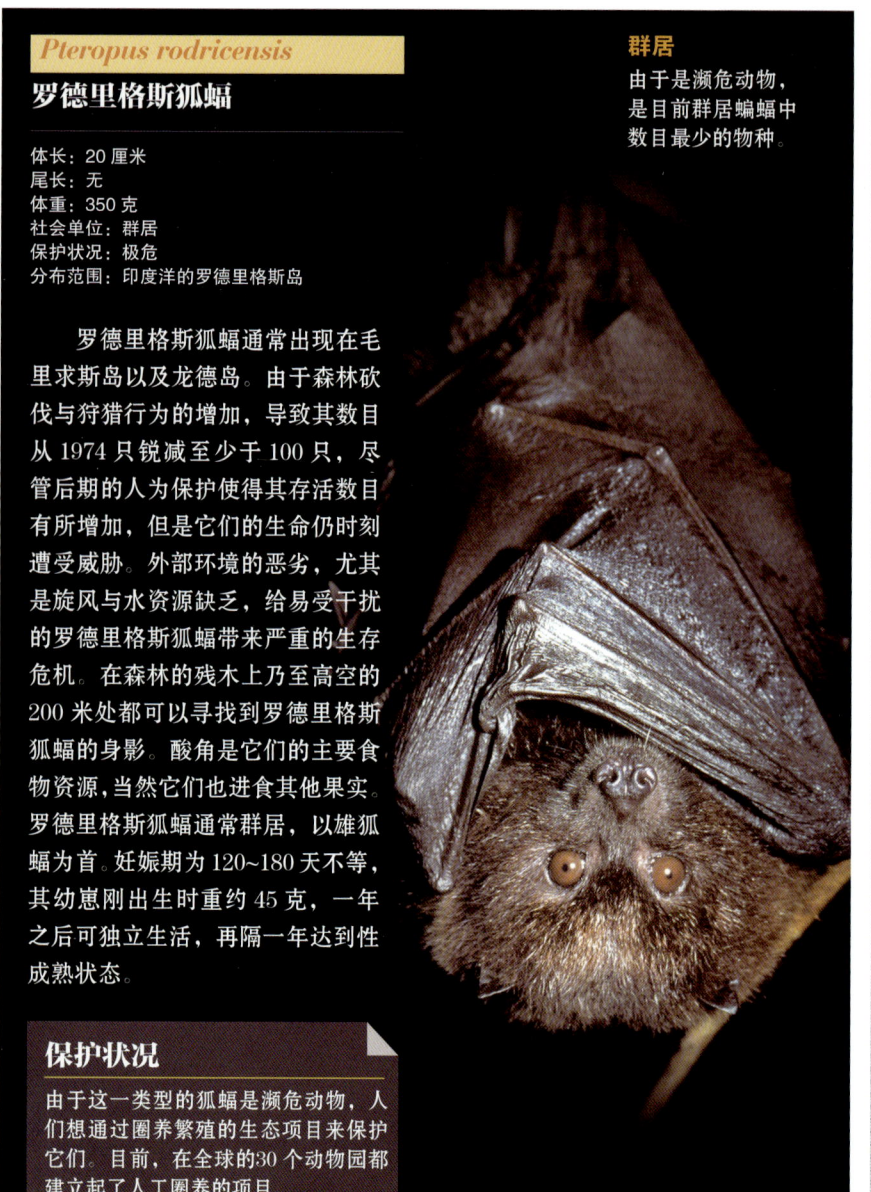

群居
由于是濒危动物,是目前群居蝙蝠中数目最少的物种。

Epomops franqueti
富氏饰肩果蝠

体长: 15 厘米
尾长: 无
体重: 160 克
社会单位: 群居
保护状况: 无危
分布范围: 非洲中部与西部

这一种类的蝙蝠分布十分广泛,通常在亚热带或热带地区的雨林、稀树草原或红树林都可以找到它们的身影,在城市里是看不到这种蝙蝠的。它们通常以小群落的方式生活在近水的地方,一年的任何时候都可以交配。倘若食物(无花果、番石榴、香蕉以及其他水果或嫩芽)丰富,它们会筑起两个窝。

Pteropus alecto
中央狐蝠

体长: 40 厘米
尾长: 无
体重: 1 千克
社会单位: 群居
保护状况: 无危
分布范围: 澳大利亚西部与北部(苏拉威西岛与努沙登加拉群岛)、巴布亚新几内亚

中央狐蝠是世界上最大的蝙蝠之一,翼展将近 1 米,主要栖息在一些沿海地区、沼泽林、红树林与芦苇丛中。以花蜜、花粉、苹果与忙果等为食。雌中央狐蝠一年只产 1 只幼崽,在幼崽出生的第 1 个月里,通常把它带在腰间以便照顾。

Pteropus vampyrus
马来大狐蝠

体长：40 厘米
尾长：无
体重：1.5 千克
社会单位：群居
保护状况：近危
分布范围：东南亚

菲律宾狐蝠与马来大狐蝠是世界上体形最大的蝙蝠。它们的翼展可达 1.7 米。像其他狐蝠一样，马来大狐蝠也是群居动物。同一栖息地上的马来大狐蝠的数目可达上百只。喜居原始森林，在一些耕地上也可以找到它们的身影，但是在一些严重受到干扰的地方却毫无它们的踪迹。它们只吃水果，原始林木上的野生水果更是它们的最爱。如同其他狐蝠一般，马来大狐蝠同样是传授花粉与散播种子的自然使者。当夏天大部分花都盛开并有丰富的花蜜时，马来大狐蝠便会开始交配，因为这有利于雌狐蝠的怀孕与单胎产崽。

由于人类的狩猎行为以及森林砍伐，马来大狐蝠的数目正在减少，这对很多植物的生存繁殖都十分不利。由于马来大狐蝠体形巨大，在乡村地区一般会被当作猎物捕杀。

毛发 背部上方的毛发短而硬。

耳朵 相对尖且短。

保护状况
尽管数目锐减，但是目前仍未采取生态保护措施。

Pteropus giganteus
印度狐蝠

体长：30 厘米
尾长：无
体重：900 克
社会单位：群居
保护状况：无危
分布范围：亚洲南部（印度、尼泊尔、巴基斯坦、孟加拉国、不丹、斯里兰卡），亚洲东南部（缅甸西部、中国青海）

印度狐蝠分布十分广泛，在城市或乡村地区都可看到它们的身影。在城市里，一般聚集在公园或广场的树梢上，而在农村则群居在森林里。在聚集地，印度狐蝠社会等级分明，吃野生的抑或是人类种植的水果与花朵。皮毛呈现微红褐色或黑色，其上半身的毛发纹路更加清晰。翼展可达 1.2 米。有些印度狐蝠甚至可以飞跨 150 千米只为寻找新鲜浆果。雌印度狐蝠一般在 4~6 月之间生产，只产 1 只幼崽，在分娩之后就会远离聚居地，而刚出生的幼崽会在雌狐蝠的怀抱中生活 5 个月。

Nyctimene major
大管鼻果蝠

体长：13.6 厘米
尾长：2.8 厘米
体重：27 克
社会单位：独居、小群居
保护状况：无危
分布范围：巴布亚新几内亚、所罗门群岛

它们的名字来源于其长达 6 毫米的鼻管。即便它们长相怪异，数目繁多，但是有关它们的生理研究却非常少。它们的毛发很轻，通常呈棕灰色，头部苍白，翅膀上有黄色斑点。一般栖居在热带森林里或生态状况良好的人为保护区，同时，在乡村种植园或花园里亦可见到它们的身影，这充分体现出它们具有较好的环境适应能力。

Macroglossus minimus
小长舌果蝠

体长：8.5 厘米
尾长：没发育或缺失
体重：20 克
社会单位：独居、小群居
保护状况：无危
分布范围：东南亚及澳大利亚的北部

　　小长舌果蝠是大翼手亚目中体形最小的种类。分布广泛，即便在人类出没的地方也有它们的身影。一般栖居在沿海地区，环境适应能力非常强：上至潮湿的热带或亚热带森林，下至沼泽、乡村花园与城市地区。会组成小群落但也可以独居，吃花朵、花粉与花蜜。

Pteropus conspicillatus
眼镜狐蝠

体长：24 厘米
尾长：无
体重：850 克
社会单位：独居、小群居
保护状况：无危
分布范围：摩鹿加群岛、近印度尼西亚的小岛、巴布亚新几内亚以及澳大利亚东北部

　　眼镜狐蝠的特点在于它们的眼睛周围有一圈亮黑色的圆圈。栖居在沼泽地、红树林与潮湿的森林里，一般占据着树林中高处阳光可以晒到的地方。每隔一年产 1 只幼崽，分娩一般在 10~12 月之间。所有的幼崽都会远离群居地，独自生活在宛若摇篮的林木上。吃水果、无花果花、桃金娘及其他植物。

Epomophorus wahlbergi
韦氏颈囊果蝠

体长：17 厘米
尾长：无
体重：125 克
社会单位：独居、小群居
保护状况：无危
分布范围：非洲东部、中部与南部

　　韦氏颈囊果蝠栖居在红树林与靠近河岸的树林，甚至有人类足迹的树林里。即便韦氏颈囊果蝠为了能够休憩在树叶茂盛的树林里会聚集起来，但是在茂密的森林里却看不到它们的踪迹。在交配季节，雄性韦氏颈囊果蝠发出像树蛙叫声的声音来吸引雌性。在夏季，为了寻找河岸边树上的水果会迁徙到南部。此外，韦氏颈囊果蝠是猴面包树传授花粉的主要使者。

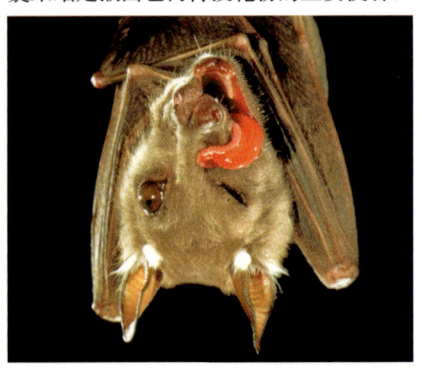

Rousettus aegyptiacus
北非果蝠

体长：16 厘米
尾长：2 厘米
体重：170 克
社会单位：群居
保护状况：无危
分布范围：非洲（撒哈拉沙漠以南乃至南非）、亚洲西南部（伊朗与巴基斯坦）、土耳其、阿拉伯半岛、塞浦路斯

　　与其他的大翼手亚目物种不同，北非果蝠能发出尖锐的叫声并拥有回声定位的能力。一般群居在洞穴、废墟或废弃的大楼里。利用舌头发出一系列叫声，并根据物体的远近来调节音量。通常生活在潮湿的生物群落或干燥的非洲热带、亚热带地区。进食大量野生的或人为种植的花果及树叶。妊娠期在 115~120 天之间不等，一胎产 1~2 只幼崽。幼崽在最初的 6 个星期里由母亲带着，之后会待在栖息地直到能够独立飞行。

颈部毛发
颈部的毛发比较粗，这在雄北非果蝠身上会更加明显。

脸
窄窄的脸，尖尖的鼻子，黑黑的眼睛。

Ptenochirus jagori
沟齿果蝠

体长：145 厘米
尾长：1.8 厘米
体重：102 克
社会单位：独居、群居
保护状况：无危
分布范围：菲律宾

靠近其肩膀的腺体会分泌出一种麝香味的油状物质，因此也叫麝香蝙蝠，一般雄蝙蝠的麝香味更重。肩膀以及颈部的毛发通常呈现明亮的色彩。沟齿果蝠是菲律宾特有的品种，分布广泛，一般栖居在低矮（海拔不超过 2000 米）的树林里。当然，在人类开垦的土地上、种植园或公园里也有它们的踪迹。一般在洞穴里群居，也会在城市废弃的大楼里寻找庇护所。群居个体一般不超过 10 只，而许多选择独居的沟齿果蝠会在树洞里栖息。食果性，喜好无花果与香蕉，有时候会摄食咖啡树、椰子树与木棉树的花果。

妊娠期长达 4 个月，一只雌沟齿果蝠一般只产 1 只幼崽，一年产 1~2 次，哺乳期达 3 个月。

Acerodon jubatus
鬃毛利齿狐蝠

体长：31 厘米
尾长：无
体重：1.2 千克
社会单位：群居
保护状况：濒危
分布范围：菲律宾

是世界上最大的蝙蝠之一，体重惊人。拥有 1.5 米的翼展。头部土黄色，其余毛发均为黑色。只生活在菲律宾的热带雨林、海边或海拔高于 1000 米的地方。无法忍受干扰，因此喜栖息在人烟稀少的地方。为了寻找无花果之类的食物，一个晚上可以飞行 40 千米。在菲律宾原始树木之间起着传授花粉与散播种子的作用，由于它们辛勤的劳动，又名"无声的播种者"。雌鬃毛利齿狐蝠一次只产 1 只幼崽，通常与其他种类的蝙蝠栖息在一起。

Epomps buettikoferi
加纳饰肩果蝠

体长：14 厘米
尾长：无
体重：135 克
社会单位：独居、小群居
保护状况：无危
分布范围：非洲西部（象牙海岸、加纳、几内亚、几内亚比绍、利比里亚、尼日利亚、塞内加尔、塞拉利昂）

主要栖居在潮湿的热带森林里。由于喜好独居，一般群体大概只有 2~3 只。进食番石榴、香蕉与无花果的果肉和果汁。妊娠期长达 5~6 个月，在雨季与结果期间生产，一年可产 2 胎。

Cynopterus sphinx
犬蝠

体长：12.7 厘米
尾长：1.8 厘米
体重：100 克
社会单位：群居
保护状况：无危
分布范围：亚洲南部与东南部

栖息在热带森林、山脚下（包括喜马拉雅山脉）以及果园里。一般会在红树林或树木繁茂的草场里看到它们的踪迹。群居动物，但是群体不大，由同性别的蝙蝠组成。雄犬蝠会在如同挡雨屋檐的树叶上乘凉。在交配期间，原本各自独居的雌雄蝙蝠群体会混杂起来，一般是 20 只性别不同的蝙蝠组成较大的群体。进食水果，一顿饱餐下来，吃的东西会比它们自身的体重还要重。

保护状况

由于人类的狩猎行为与树木砍伐，鬃毛利齿狐蝠数目锐减。在菲律宾群岛上的其他附属小岛已经看不到它们的踪迹了。因此在菲律宾，鬃毛利齿狐蝠是备受保护的，国际买卖被严令禁止。尽管在菲律宾的许多公园或栖息地，鬃毛利齿狐蝠备受政府保护，但是还是缺乏可靠有效的保护措施。

小翼手亚目

| 门: 脊索动物门 |
| 纲: 哺乳纲 |
| 目: 翼手目 |
| 亚目: 小翼手亚目 |
| 科: 17 |
| 种: 804 |

小翼手亚目是蝙蝠亚目之一。这一亚目的蝙蝠体形小，长着尖尖的臼齿，第二根手指只有一根无爪指骨，耳朵形状很少呈封闭圆环状。这些蝙蝠栖居在洞穴、树洞或者建筑物内部，拥有回声定位的能力。且小翼手亚目的蝙蝠大部分都是食虫性的，只有一小部分是吸血蝙蝠。

Myotis myotis
大鼠耳蝠

体长: 8.4厘米
尾长: 6厘米
体重: 45克
社会单位: 群居
保护状况: 无危
分布范围: 欧洲与亚洲（主要是土耳其）

是鼠耳蝠属中体形最大的。毛发短而浓密，底色暗黑，腰部为栗色到灰褐色不等，腹部为白色。幼崽毛发为灰色。宽宽的鼻子长着突出的腺体。喜在森林边缘、开阔的林地或草地翱翔与捕食，吃大型昆虫，像甲虫、蟋蟀与蜘蛛。并不通过回声定位捕捉昆虫，而是习惯在裸露的土地与短草坪上低飞，通过昆虫发出的声音来判断其位置。捕食过程不着陆，只用嘴巴摄食。在繁殖期间，成群结队，一雄多雌完成配对，一般是3只雌蝙蝠与1只雄蝙蝠交配。3月底完成交配，妊娠期70天左右，4~6月之间产崽，幼崽会在蝙蝠群里待上7~8个星期不等，待到8月中旬便可长大成形，亦可独立飞行。在欧洲的南部，大鼠耳蝠在洞穴里栖息，在冬天会四处寻找地下栖息地；而在欧洲北部，大鼠耳蝠几乎只待在人类建筑的大楼里。大鼠耳蝠属于经常迁徙的物种，其迁徙距离可超过400千米。

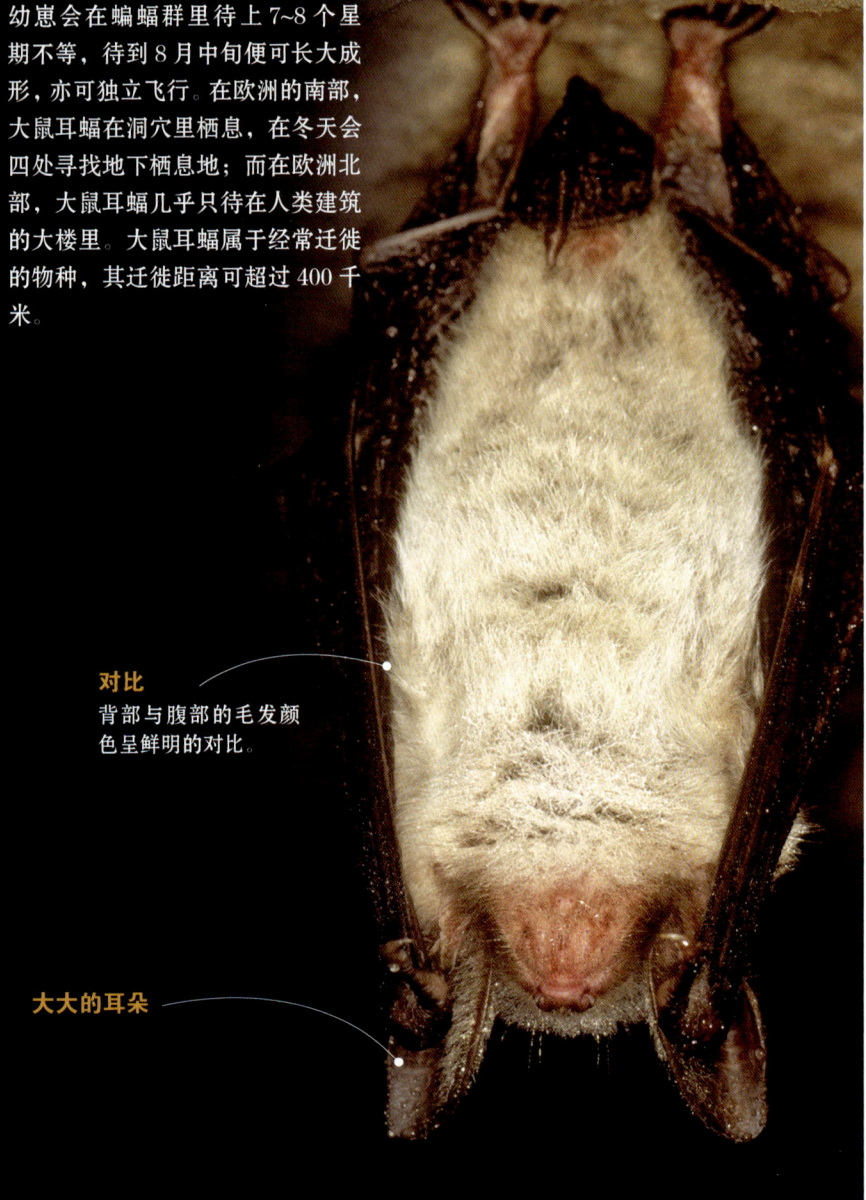

对比
背部与腹部的毛发颜色呈鲜明的对比。

大大的耳朵

牙齿
牙齿变得更加尖利，有利于捕捉昆虫。

Glossophaga soricina
鼩形长舌蝠

- 体长：6 厘米
- 尾长：0.9 厘米
- 体重：12 克
- 社会单位：群居
- 保护状况：无危
- 分布范围：北美洲、中美洲、南美洲至阿根廷北部

在南美洲的森林里总能找到这一类型蝙蝠的踪迹，而在北美洲则主要分布在乡村及城市地区。这一类型的蝙蝠大小不一，主要吃花蜜，但也吃昆虫与超过 35 种植物的果实。

Ectophylla alba
白蝠

- 体长：4.7 厘米
- 尾长：无
- 体重：6 克
- 社会单位：群居
- 保护状况：近危
- 分布范围：中美洲（洪都拉斯、哥斯达黎加、危地马拉与巴拿马）

因其与众不同的毛发颜色而出名，通体白色，有着黄色的鼻子与嘴巴。生活在潮湿的热带森林海拔约 700 米处。一般在大大的赫蕉叶下群居，不超过 8 只。在靠近地面不超过 2 米的地方也会发现它们的踪迹。绿色的赫蕉叶把光反射在它们通体白色的毛发上，有利于伪装。吃果肉与种子。雌白蝠一胎只产 1 只幼崽，一旦幼崽成熟，雄白蝠会离开原本的队伍并加入新的队伍中去。森林砍伐间接地影响了它们的生存。

群居
白蝠蜷缩倒挂着，一个挨着一个。

Lavia frons
黄翼蝠

- 体长：8 厘米
- 尾长：无
- 体重：28~36 克
- 社会单位：独居或成对
- 保护状况：无危
- 分布范围：非洲中部

非洲五大伪吸血蝙蝠之一，生活在热带与亚热带潮湿的森林及稀树大草原里。白天活动，通过鼻子发出异常尖锐的声波，利用回声定位捕捉昆虫。实行一夫一妻制，成对生活，雄性黄翼蝠负责在其生活地域巡逻，而雌蝠负责专心养育幼崽，幼崽一般会待在其父母身边 55 天。

Anoura geoffroyi
无尾长鼻蝠

- 体长：7.3 厘米
- 尾长：无
- 体重：18 克
- 社会单位：群居
- 保护状况：无危
- 分布范围：墨西哥乃至南美洲，包括玻利维亚与巴西

栖居在潮湿的热带雨林、落叶林或海拔 1200~2600 米不等的大型植株丛里。进食花蜜、花粉与躲在花丛中的昆虫，在洞穴、石头裂缝或树洞里休憩。在一起群居的无尾长鼻蝠可达 75 只。妊娠期 4 个月。偏爱龙舌兰、桉树、松树与药薯等。

Macroderma gigas
澳大利亚假吸血蝠

- 体长：14 厘米
- 尾长：无
- 体重：170 克
- 社会单位：独居或群居
- 保护状况：易危
- 分布范围：澳大利亚北部

世界上最大的蝙蝠之一。由于长着细长的双翼与灰色苍白的毛发，外形酷似幽灵，又名"鬼魅蝙蝠"。栖居在洞穴、红树林、稀树大草原、热带森林及不毛之地。纯粹的肉食性动物，吃昆虫、青蛙、蜥蜴、蛇和老鼠。捕猎的时候既用到回声定位又需要视力。

Tadarida brasiliensis
巴西犬吻蝠

体长：7.9~9.8 厘米
尾长：3.1~4.1 厘米
体重：7~15 克
社会单位：群居
保护状况：无危
分布范围：北美洲南部、中美洲与南美洲中部

面部特征
短短的鼻子与褶皱的上唇是它们与其他蝙蝠不同的地方。

它们是整个美洲分布最广泛的蝙蝠物种。毛发呈褐色或灰色，大大的方形的耳朵，尖尖的翅膀。脚趾上长着坚硬的毛，其作用是使自身在飞行中保持稳定。

交配
雌巴西犬吻蝠一年只发情一次，雄巴西犬吻蝠通过叫喊与气味吸引雌巴西犬吻蝠。为了交配，雌雄蝙蝠会远离原本的团队。它们的交配过程也是十分暴力的：雄蝙蝠骑在雌蝙蝠身上，咬着它的颈部以限制雌蝙蝠的行动。

觅食
巴西犬吻蝠在一个小时之内可以摄食 500 只昆虫，而一个晚上可以吃掉 2000 只，因此，它们履行着纯天然杀虫使者的重要使命。此外，它们也进食甲虫、苍蝇、蚊子、蜻蜓、黄蜂、蜜蜂与蚂蚁。

鼠尾蝙蝠
它们的尾巴比其翅膀还要长。

群居的哺乳动物
蝙蝠是哺乳动物中最大的群居群体。在一些栖息地上，甚至可以找到 4000 万只集体生活的蝙蝠。通常集体出动一起捕捉昆虫，成千上万只苍蝇、蚊子、飞蚁都成为它们的囊中之物。

扑翅声
蝙蝠在空中的扑翅声是一种如涓涓细流的声音，可以被飞机场的雷达监测到。

功能性的翅膀
尖且细窄的翅膀，有利于在空中快速飞行。

3 千米
在空中飞行的蝙蝠群在 3 千米的范围内都可看得到。

雷达
耳朵通过回声定位确定昆虫的行踪。

12 年
是巴西犬吻蝠的大约寿命。

夜晚的活动区域

巴西犬吻蝠会迁徙到广阔的地方，为了寻找一个较好的栖息地，可以在3千米的高空飞行跨越400平方千米。每个夜晚都离开它们的洞穴去寻找食物。有些群体会有季节性地迁徙。

活动范围
洞穴　65千米

可及的资源
倘若一个地方附近有食物与水源，就会被蝙蝠选作栖息地。

40千米/时
空中飞行的最大速度

强壮的后肢
其强壮的后肢有利于它们灵活地攀爬。

150万
150万只巴西犬吻蝠是世界上最大的城市蝙蝠群，一个晚上可摄食4~113吨昆虫。

洞穴，最主要的栖息地

巴西犬吻蝠可以栖居在树洞或人类的建筑物里，但是其主要的栖息地还是广阔的洞穴。洞穴不仅可以提供很好的庇护，也给它们的日常活动如交配、生殖、照顾幼崽等提供恰当的空间。目前，我们发现的最受蝙蝠欢迎的洞穴是来自美国得克萨斯州的巴肯洞穴，在这里生活着2000万只巴西犬吻蝠。

洞穴裂缝
岩洞或岩石上的裂缝可作为一些蝙蝠个体的栖息地。对于一些体形较大的蝙蝠，这种类型的栖息地寻找起来可能更为复杂。

照顾幼崽
洞穴内的小洞可是"育婴良地"：幼崽会在雌蝙蝠的照顾下在此成长。

潜伏的捕食者
巴西犬吻蝠会在洞穴的外围埋伏，一看到蛇就乘机捕杀。

出生与哺育

尽管巴西犬吻蝠能够分辨出哪只是它们的后代，但是当母亲不在的情况下，幼崽也会由其他雌蝙蝠哺育。巴西犬吻蝠的乳汁是所有蝙蝠中脂肪含量最高的，这有利于其幼崽的快速成长。

① 出生
在长达11~12个星期的妊娠期之后，一只蝙蝠幼崽的出生时间仅需要90秒。

② 哺乳期
刚刚出生的蝙蝠幼崽在15分钟之内就会主动地寻找到乳头。

③ 尖叫
蝙蝠幼崽会发出超声波，而雌蝙蝠会通过它的叫声来识别它的身份。

Noctilio leporinus
墨西哥兔唇蝠

体长：9.8~13厘米
尾长：1.4~3.7厘米
体重：60~78克
社会单位：群居
保护状况：无危
分布范围：墨西哥至阿根廷北部

墨西哥兔唇蝠是一种体形较大的蝙蝠物种。翼展长达1米，翅膀窄而有力。通过嘴巴发出声波，扑向水面捕鱼。一旦探测到猎物的存在，墨西哥兔唇蝠会猛烈地扑向它们，用力摆动着自己的爪子与细长的指尖并奋力一抓。此外，它们也捕捉无脊椎动物，像飞蛾、蟋蟀、蜜蜂、飞蚁、甲壳类动物等。墨西哥兔唇蝠蝠分布广泛，它们会栖息在洞穴或树上，甚至几百只一起群居。雄墨西哥兔唇蝠体形会比雌性大一些。性别不同，毛发颜色也不同。毛发短，颈部与肩部毛发会长一些。翅翼呈半透明的褐色。栖息在海拔低且潮湿，靠近湖、河或小溪的地方。雌蝙蝠一年只产1只幼崽，一般在9月至次年1月之间。交配、妊娠与哺乳期根据地域、雨季、潮湿度与食物供给状况而有所不同。幼崽在1个月后便可独立生活。

最长的指尖
第三个指尖的长度占了65%的翅翼。

鼓起的嘴巴
嘴巴呈唇裂状，拉丁语又名兔唇。

大大的脚爪
脚爪大小是其他类型蝙蝠的4倍。

Trachops cirrhosus
缨唇蝠

体长：7.6~9厘米
尾长：1.2~2.1厘米
体重：25~35克
社会单位：群居
保护状况：无危
分布范围：中美洲与南美洲北部

缨唇蝠栖息在低于1400米的热带林地，一般在洞穴、树洞、大楼与下水道可以找到其群体，一般不超过6只。生活在森林里以便捕捉昆虫、蜥蜴、鸟类、青蛙甚至其他种类的蝙蝠。通过猎物的声音而非回声定位来判断位置。

Uroderma bilobatum
筑帐蝠

体长：6~7.4厘米
尾长：无
体重：13~21克
社会单位：群居
保护状况：无危
分布范围：中美洲与南美洲北部

筑帐蝠在棕榈树林与香蕉树林里集群而居，一般是不超过20只的小群体。会修剪树叶的形状以便"扎营"，因此取名筑帐蝠。是食果性蝙蝠，但也吃昆虫、花朵与花蜜。此外，它们还是丛林里传播种子的"高手"。一般一胎只产1只幼崽。在哺育期间，雄性筑帐蝠会聚集在一起，组成有40多只个体的蝙蝠群，而雄性筑帐蝠群会在没有雌蝙蝠陪伴的情况下独自生活。

独特的耳朵
尖尖的耳朵有着黄色的耳郭。

叶状的鼻子
凸起且尖尖的鼻子，形成马蹄铁状。

Desmodus rotundus
吸血蝠

- 体长：7~9.5 厘米
- 尾长：无
- 体重：50 克
- 社会单位：群居
- 保护状况：无危
- 分布范围：墨西哥、中美洲与南美洲

吸血蝠生活在气候炎热潮湿的地方。一般组成 20~100 只的蝙蝠群，但依照记录也有约 2000 只的吸血蝠群。它们生活在较深的洞穴、树洞或人类建筑物里。靠吸血为生，它们住的地方因其饮食习惯散发着氨臭味。为了寻找食物，它们可飞离栖息地 20 多千米。据估计，100~150 只的蝙蝠群能占地 1300 万平方米，且具备约 1200 只动物血源供应。毛发短而亮且浓密，呈褐栗色。它们的名声因为源自欧洲的传说而被夸大。事实上，即便吸血蝠吸血，但是和吸人类的血相比，它们更喜欢吸野生动物或家畜的血。虽有可能感染且传染狂犬病，但并不常见。

面部特征
有着尖长的耳朵（1.5~2 厘米长）与扁扁的鼻子。

锋利的牙齿
吸血蝠具有很大的切牙，以便切开动物的皮肤吮吸它们的血液。

沿地面行走
为靠近它们的猎物，可依靠前臂的力量沿地面行走。

Vampyrum spectrum
美洲假吸血蝠

- 体长：13.5~15 厘米
- 尾长：无
- 体重：150~200 克
- 社会单位：可变，独居或群居
- 保护状况：近危
- 分布范围：墨西哥乃至南美洲北部、特立尼达岛

美洲假吸血蝠不仅是美洲最大的蝙蝠，更是全世界肉食性蝙蝠中最大的。翼展可长至 1 米。吃老鼠、鸟类、两栖动物甚至其他种类的蝙蝠，但也吃水果。视觉、回声定位、嗅觉与触觉都是它们感知外部环境所用到的感官。毛发短，呈深褐色、栗色或偏橙色，肚子上的毛发呈苍灰色或黄色。既可独居，也可 5 只（最多）一起群居。雌雄美洲假吸血蝠都会承担起照顾幼蝙蝠的重任，雌性一般在雨季开始的时候产崽。

Pipistrellus pipistrellus
伏翼

- 体长：3.5~4.5 厘米
- 尾巴：3~3.5 厘米
- 体重：3~8 克
- 社会单位：群居
- 保护状况：无危
- 分布范围：欧洲、非洲北部、亚洲中部与西部、中国与印度部分地区

伏翼是城市与森林的"常住客"，在废弃的房子、建筑缝隙、公园或花园都可以寻找到它们的踪迹。伏翼群中个体数可达 1000 多只。它们通过发出两种声波，用回声定位来捕杀昆虫。一晚可吃掉上千只蚊子与飞蛾。雄伏翼通过炫目的飞行与麝香味的体味来吸引雌伏翼。雌伏翼一胎产 1~2 只幼崽，哺乳期长达一个半月，而之后幼伏翼便可独立飞行，远离伏翼群。

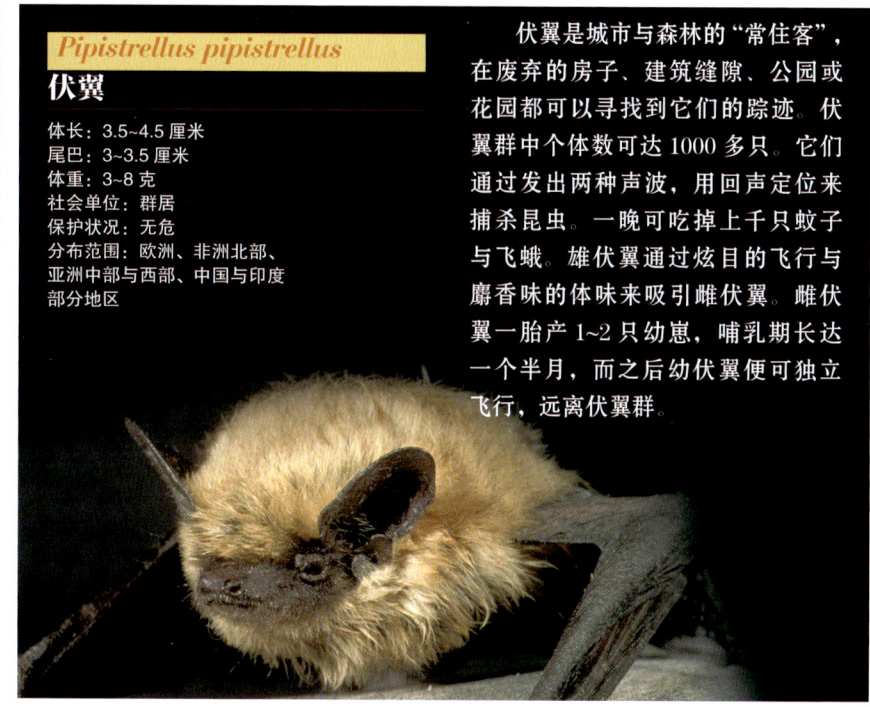

灵长类动物

它们的祖先早早适应了树上的生活。和其祖先一样，狐猴、猴子与猿猴也偏爱森林这一栖息地。它们呈现出各种极为复杂的社会行为，通过各种方式相互交流。在种类繁多的灵长类动物之中，我们找到了人类的近亲：大猿猴。

什么是灵长类动物

上至魁梧的大猩猩，下至小小的狐猴，都属于灵长类动物。世界上总共有300多种灵长类动物，生活在美洲、非洲与亚洲，智力超群，择木而栖。有些种类的妊娠期长达几个星期，有些甚至长达几个月，它们通常会花上好长一段时间来哺乳与照顾幼崽。当然，人类也属于灵长类动物。

门：	脊索动物门
纲：	哺乳纲
目：	灵长目
科：	15
种：	376

种类多样

眼镜猴、猴子、猿猴种类繁多，其中包括与众不同、体重不超过100克的侏儒狨猴，还有超过200千克的大猩猩。灵长类动物总共有两大亚目：原猴亚目和猿猴亚目。原猴亚目包括狐猴、指猴，而猿猴亚目包括眼镜猴、猴子与猿猴。来自美洲或新世界的灵长类动物喜择木而栖，有着长长的尾巴，而且比旧世界的灵长类动物体形小些，旧世界的灵长类动物有着易缠绕挂树的尾巴，有些还是半陆栖性的。新旧世界的灵长类动物面部特征也不同：新世界的灵长类动物有着扁平的鼻子，鼻孔朝向两侧，而旧世界的灵长类动物有着突出的鼻子，大大的鼻孔朝向前方。

栖息地与生活习惯

灵长类动物生活在美洲的南部与中部、非洲与亚洲东南部。尽管在非洲北部、中国与日本热带与亚热带以外的地区也有它们的身影，例如日本猕猴，但是它们大部分生活在北纬25度至南纬30度多雨的热带森林里。

灵长类动物择木而栖，可在树枝之间来回穿梭。现代的灵长类动物仍保留着其祖先的习性特点。有些灵长类动物喜欢在夜里活动，但是大部分仍是习惯在白天活动。南极、北极与澳大利亚没有灵长类动物。

饮食

体形较小的灵长类动物主要吃昆虫，它们的代谢速度非常快，但缺乏适合消化植物的消化系统。至于其他灵长类动物主要摄食树叶与果实。像疣猴，有一个结构复杂的胃：内有发酵纤维素的发酵菌；而其他灵长类动物在肠子或结肠处有着专门起消化作用的微生物。有些猿猴类，像大猩猩，不仅捕捉脊椎动物，也吃植物，而眼镜猴只吃肉类。

社会结构

猩猩与部分狐猴是少数独居的灵

类人猿
猩猩、大猩猩与黑猩猩都是人类的近亲。

类动物。而其他灵长类动物会组成一个社会结构复杂的大集体，有些群体甚至达到上百只，但其中又细分为好多小团体。大多数猴子与猿猴的社会结构由许多雌猿猴、幼崽与一个或一个以上的雄猿猴组成，其内部有着森严的等级制度，狒狒的生活亦是如此。

在半陆栖的灵长类动物中，像狒狒，群居生活大大提高了它们抵抗天敌（如鬣狗）的能力以及对稀有食物资源的守护能力。倘若食物争夺并不那么激烈，团体数目通常会比较少，叶猴便是如此。

总体而言，灵长类动物的生活是封闭的，一般会在一定的地域上扎根发展，与其他群体相距很远，因此直接互动的机会大大减少了，这有利于防止资源的快速枯竭。但是正因为如此，它们会态度异常激烈地排斥入侵者。有些灵长类动物，像吼猴和长臂猴，会向邻近地区发出威胁性的叫喊声，企图开疆拓土并获得更多的资源。

性行为

大部分雄性灵长动物会根据它们的社会阶层找一个或一个以上的雌性灵长类动物做伴侣。当然，也有些灵长类动物遵循一夫一妻制的配对制度，例如长臂猴。在其他情况下，如圣狒狒，一只雄性圣狒狒与一只或多只雌性狒狒配对。

通常雌性灵长类动物主动开始求偶：到了发情期时，会发出求偶攻势，慢慢靠近雄性灵长动物。交配初期在经过基本的肢体接触之后，通常最后是雄性骑在雌性身上。不同的灵长类动物，交配方式也不尽相同：大猩猩与黑猩猩在交配时会侧着腹部，四目相对；而有些猩猩在攀爬着树枝的同时也可进行交配。

妊娠与哺育

灵长类动物种类多样，不同品种之间，妊娠时间长短不一。原猴的妊娠期可达 6~9 个星期，而大猩猩与猩猩的妊娠期长达 38 个星期，与人类妊娠期相近。

除了狨猴一胎产 2 只幼崽之外，大部分雌性灵长类动物一胎只产 1 只幼崽。有些情况下，雌性灵长动物会帮助幼崽娩出并处理好卫生工作。与其他动物相比，它们的哺乳期非常长。在大猿猴之中，像猩猩的哺乳期甚至可长达好几年。雌性灵长类动物不仅照顾幼崽的饮食，同时也需要保护它们，而且为了让幼崽能够在自然环境中生存下来，也需要教会它们大部分的生活技能：觅食技巧和识别天敌的能力。当幼崽成年并生下后代之后，这些生活技能也需要一代代地被传承下去。

来源与进化

灵长类动物起源于普尔加托里猴。在古新世初期，大约 6500 万年前，衍生出两条不同的进化线：一个是原猴类，另外一个是猴子与猿类，其中包括人类。

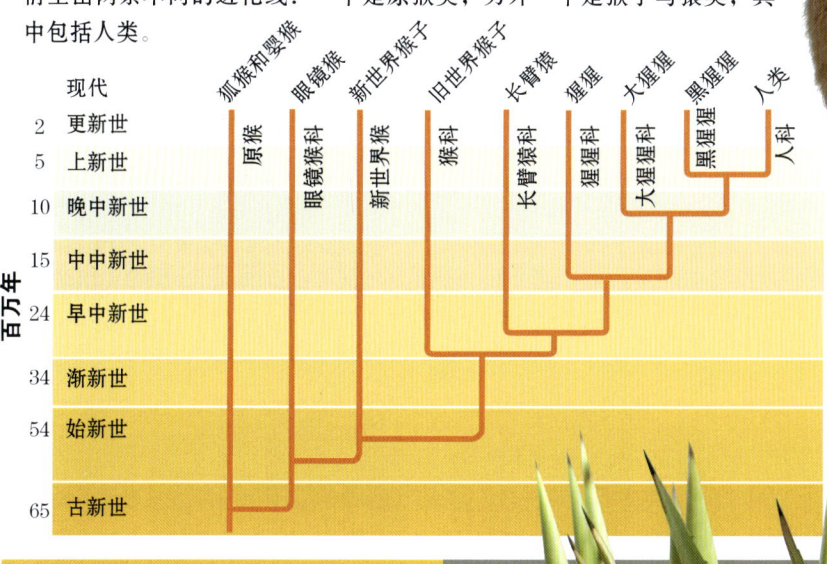

原猴

原猴比猴子起源得更早。尽管狐猴喜欢在日间活动，但大多原猴都是夜行性动物。

移动

灵长类动物大部分的生活都在树上。它们的身体结构使其可以轻易地在树木之间上下穿梭，来回移动，攀爬与跳跃都不在话下。那些花较少时间在树上的灵长类动物，像低地大猩猩，可以灵活地短距离步行。

移动形式

所有的灵长类动物（人类除外）都拥有粗且分离的脚趾。至于双手，它们的拇指是与其他手指是分开的；由于手臂与手腕的骨头并不联合在一起，从而展现出更好的灵活性。但是不同品种的灵长类动物，自然也会衍生出不同的移动形式，其中包括行走、攀爬与跳跃。

大大的双手
有着钩子的形状，拇指较短，手掌异常大，易于抓住树枝固定位置。

旋转的手腕
长臂猿手腕的骨头结构是独一无二的，这使得它们可以向四周旋转身体。

强壮的手肘
为了能够四处摇摆，手肘可以完全地伸展。长臂猿肘部的肌肉相比其他的灵长类动物更加强壮。

1 摇摆与速度
在其完成移位之前，长臂猿会通过摇摆的惯性来获取速度与能量。

2 推进与旋转
通过最初的摇摆来推进身子，手臂会伸向下一处抓取的节点。

攀登

灵长类动物最常见的身体移动方式便是在树枝与树枝之间来回穿梭，它们四肢并用，有时候它们易于缠绕的尾巴也会派上用场。

跳跃

有些狐猴可通过跳跃完成在地面的来回移动，期间它们为保持平衡，四肢抬起放松。一只马达加斯加狐猴一次跳跃距离可长达5米。

树枝之间
灵长类动物上肢灵活，可在树木之间自由地来回穿梭。在众多灵长类动物之中，吼猴是当之无愧的爬树"高手"。

空中移位
马达加斯加狐猴在树木之间的移位有时也会通过跳跃完成。无论是悬在空中，还是抓住枝条的那一刻，它们的腰部都是保持垂直的。长而有力的腿使它们可以轻易地完成大幅度移位。

哺乳动物（上） 81

森林砍伐
因森林砍伐导致的栖息地锐减是灵长类动物面临的最大的生命威胁。

游泳移动
长鼻猴是笨拙的"游泳运动员"，这归功于它们带蹼的双脚。

满是肌肉的手臂
上臂满是肌肉，而且比下肢长很多。

15 米
一只长臂猿通过一次摆动可跳跃的距离。

灵活的肩膀
灵活的肩关节使其可以大范围地旋转摇荡。

3 手臂的交换
只通过一只手臂承受身体的全部重量，同时抬起另外一只手臂朝下一个支点跳去。

4 最后冲刺与休息
当长臂猿靠近一个立足点的时候，双足会推向前方并采取最后冲刺，最后完成移位并休息。

擅于行走
低地大猩猩与黑猩猩可通过下肢行走。它们可通过双足行走很短一段距离，当然也会手足并用完成地面移动。

垂直的体位
黑猩猩与其他猿猴都有着短小的背部、宽阔的胸部和比猴子更有力的盆骨。这些形体特点使得它们能够坐下与直立行走。同时，它们也通过双手完成行走。

擅用双臂前进
长臂猿是所有灵长类动物中最常使用双臂完成身体移动的，它们生活在东南亚热带雨林。此外，蜘蛛猴也擅长通过双臂使身体前进。

解剖结构

灵长类动物，顾名思义，是所有哺乳类动物中头脑最发达的。它们的颅骨和眼窝都很大，并且拥有敏锐的视觉。根据生活习惯的不同，它们的手脚形状也不同，几乎所有灵长类动物都有着平平的指甲，有些甚至还有爪子，擅于抓取物体与爬树。身体毛发颜色有黑色、灰色与褐色，有些甚至是白色或微红色。

大脑发育

相对于其他哺乳动物，灵长类动物大脑与身体比例的差距是最大的。这一特点体现在它们显著发育的大脑半球上，猴子和猿猴的智力以及它们日常行为的灵活性与脑部发育有关。相对于其他动物而言，灵长类动物掌管手部灵活度以及立体视觉的大脑区域都是相对最大的。据说，这一特点是自然选择的产物，让灵长类动物可以在日常生活中展现灵活性，以便在树木之间来回穿梭与抓取食物。

作为进化的结果，灵长类动物管理嗅觉的大脑板块是萎缩的，而且大部分灵长类动物的鼻子也相对较小。许多猴子（除了长鼻猴）与猿猴的鼻子都是相对较小的，而狐猴有着长长的鼻子，就像狐狸的鼻子一样。

猴子与猿猴的大脑最外层，被称为新大脑皮层，具有十分复杂的结构。这与它们活跃的思考能力相关，有助于它们在日常生活中解决自身问题与争端。

颜色各异的毛发

大部分灵长类动物的毛发都是单色的，像黑吼猴通体黑色，猕猴呈褐色，绒毛猴呈浅灰色，红毛猩猩呈红色，甚至还有一种狨猴通体呈白色。灵长类动物的体毛颜色及浓密程度各异：有些种类像卷尾猴有着浓密且粗短的毛发，而狮狨猴有着长长的鬃毛。

骨头结构与姿势

灵长类动物的骨骼根据它们的生活环境、生活方式与移动方式而不同。大部分灵长类动物为了适应树上的生活，有着长而有力的手臂，而在爬树的时候，那些长着尾巴的灵长类动物甚至把尾巴当作是"第五个肢体"来使用。

猴子与猿猴的肩膀由于长着坚硬的关节与锁骨，因此比其他哺乳动物的要灵活很多。这使得它们可以轻易地在树木之间利用双臂攀爬与来回穿梭。

除了蜘蛛猿，所有灵长类动物都有5个手指与脚趾，而抓取物体的灵活度是灵长类动物明显的进化特征。

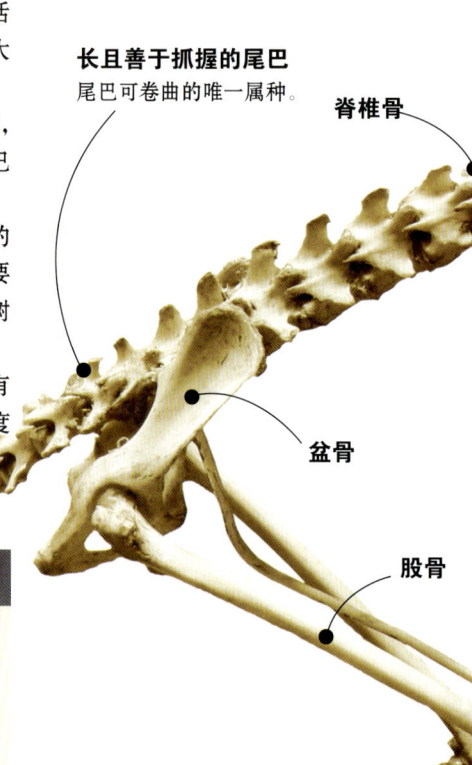

长且善于抓握的尾巴
尾巴可卷曲的唯一属种。

脊椎骨

盆骨

股骨

胫骨

腓骨

直立

巨猿在坐着的时候腰部伸得直直的，它们能直立行走很短一段距离。

倭黑猩猩
Pan paniscus

哺乳动物（上） 83

视力

灵长类动物的视力好坏不一。猴子与类人猿双目视力范围是重叠的，因此生成一幅三维图像，这跟人类看到的类似。在一些原猴亚目身上，像狐猴，它们的眼睛分得很开，因此三维重叠范围比较小。

日行性灵长类动物会分辨物体颜色，而夜行性灵长类动物只能看到白色、黑色与灰色。据统计，这类单色系视力在许多灵长类动物身上是较为普遍的，但是新旧世界灵长类动物的基因突变之后，它们可以分辨出红色色系。为了解释这一基因突变，有着许多不一样的假说：一方面，有人说是为了能够快捷地寻找食物（成熟的果实）；另一方面，有人说，雄灵长类动物可以通过生理变化来判断雌灵长类动物是否处于发情期。

区分颜色
大部分旧世界与部分新世界灵长类动物拥有三色视觉，而其他的是双色视觉。夜行性灵长类动物只能看到一种颜色。

脑壳

灵长类动物的脑壳形状是拱形的，有着大大的眼眶。大部分猴子与猿猴呈现出扁平的面部结构。面部朝前，下颚突出，没有下巴，大大的牙齿平行排成两列：这一面部特征与它们喜好素食的饮食习惯有着莫大的关系。

原猴亚目
眼镜猴的眼眶几乎比它们的脑壳还要大，这一比例在哺乳动物中实属罕见。

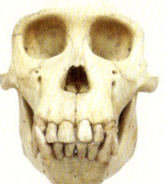
类人猿
黑猩猩的颅容量比人类的要小，但是比其他灵长类动物要大。

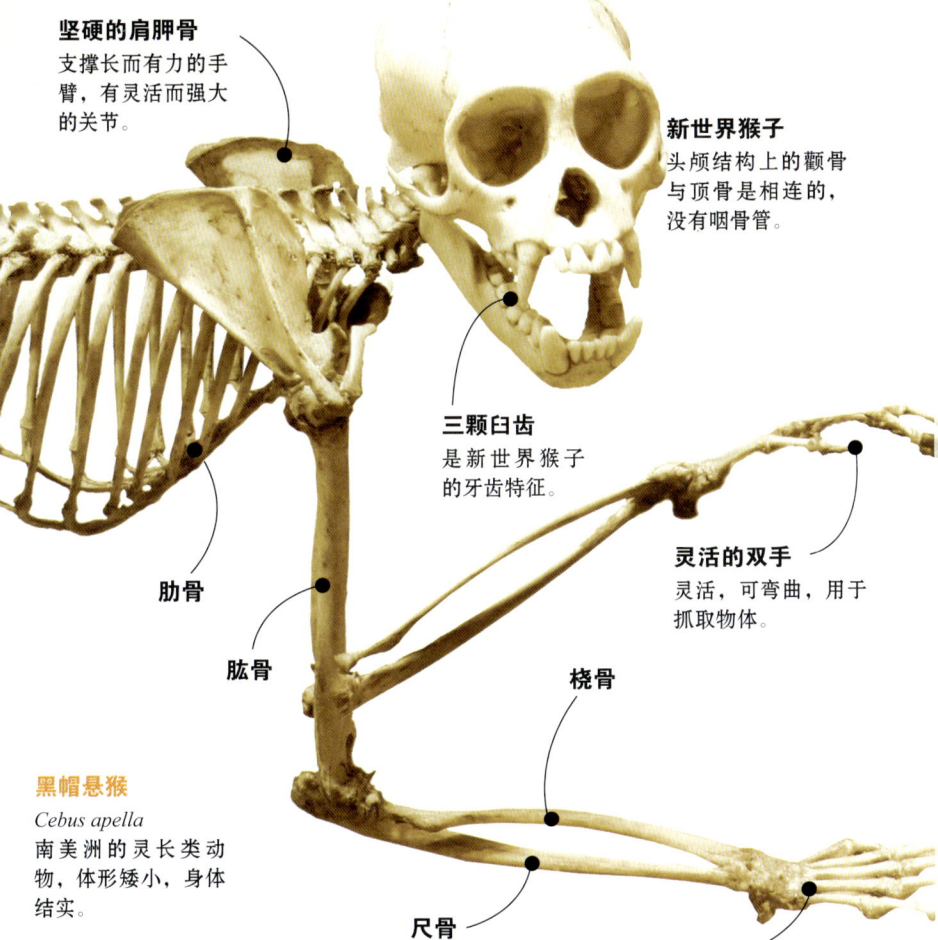

坚硬的肩胛骨
支撑长而有力的手臂，有灵活而强大的关节。

新世界猴子
头颅结构上的颧骨与顶骨是相连的，没有咽骨管。

三颗臼齿
是新世界猴子的牙齿特征。

灵活的双手
灵活，可弯曲，用于抓取物体。

肋骨

肱骨

桡骨

黑帽悬猴
Cebus apella
南美洲的灵长类动物，体形矮小，身体结实。

尺骨

指骨

三色视觉

双色视觉

单色视觉

手脚

灵长类动物有着灵活的手脚。它们有些有扁平的指甲与大拇指，以便其抓取物体。像人类一样，它们也有直立行走的双足。

原猴亚目
长长的手指与脚趾，有爪子。

类人猿
大猩猩的大拇指与其他指分得很开。

行为习性

灵长类动物的大部分生活习惯都是通过学习而非遗传获得的。因此，不同种群之间甚至不同个体的行为习性具有多样性。有些灵长类动物除了认识到与母亲之间的哺养与被哺养的关系之外，也会清楚地认识到其他更为复杂的亲属关系。此外，为了满足其生活的需求与制作生活工具的需要，它们也会利用自然资源来完成目标。它们内部有着等级严明的制度与复杂的社会结构，无论是为了获取主导权还是互相合作，它们都会通过各种各样的交流方式来进行沟通。

智慧超群的学习能力

相比其他动物，灵长类动物具有漫长的妊娠期与哺乳期。与其他哺乳动物相比，它们大脑与身体比例的差距是很大的，而且脑部消耗了很大一部分身体能量。这与它们的智力有关，尤其是在一些类人猿与人类身上这一特点更为突出。在动物界中，自身为适应环境而产生的变化是基因遗传模式和缓慢的生物进化的结果。灵长类动物有着超强的学习能力，因此，群体与群体之间、个体与个体之间的生活习惯与行为都不尽相同。

交流方式

灵长类动物复杂的生活使得它们需要精巧的交流方式。灵长类动物可通过体味（尤其是原猴亚目）、视觉信号与肢体接触来交流。互相理顺毛发是灵长类动物之间最常见的行为习惯。雄狒狒之间会通过磨牙来传递恐吓讯息，通常这样就可以解决问题并避免肢体冲突。有些灵长类动物还会发出尖叫声或叫喊声来表达自身情绪。目前的研究显示，它们可通过不同的叫声来指明物体与周围环境，但是无法像人类那样能够描述一个抽象的问题。

工具的使用

人类特有的能力在于利用周围环境中的资源制作工具。但研究表明，灵长类动物也具备这一能力。部分黑猩猩会四处寻找树枝并在它们的领地堆放起来做成"陷阱"来抓捕猎物，为了做成一个更加有效的工具，它们甚至会拔光树枝上的树叶。有些卷尾猴会用千足虫来摩擦毛发，因为这种虫子会分泌出苦苦的液体，作用如同天然杀虫剂。有些猴子还会使用石头敲开核桃或挖地洞。

温泉浴场
一群日本猕猴有着用热水洗澡的习惯。一般是雌猕猴先开始洗，接着其他猕猴会模仿它。

肢体语言

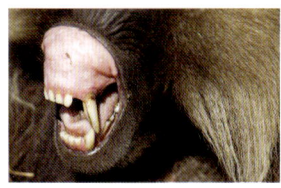

表达敌意
狮尾狒狒在面对伙伴时，会把嘴唇皱起来，露出牙龈与牙齿。这可能是其害怕的信号。倘若与此同时还保持着身体直立，则说明它们正在发出警告的讯息。

友好接触
互相理顺毛发是叶猴之间常见的行为习惯。这是它们表示友好的方式，一般是雌性叶猴帮雄性叶猴理毛的情况较多，那些占主导型的雄性叶猴被理毛的次数则更加频繁。

与众不同的叫声
红色吼猴并不占有一个专属的领地，而是与其他猴群共享栖息地。为了避免争端，在黎明时，它们会发出叫喊声来宣示领地主权。

和解的姿势
黑猩猩为了表达和解，会张开双臂，手掌朝上。这一手势也可以用来安抚占主导地位的雄性黑猩猩与寻求安慰。

濒危的灵长类动物

热带雨林的毁灭、野生物种的非法倒卖与人类的狩猎行为是灵长类动物面临的三大主要威胁。尽管目前全球范围内正在采取有效的保护措施,但是根据国际自然保护联盟的数据,1/3 的原猴、猴子与猿猴正濒临灭绝。所有类人猿的生存都受到了威胁。

威胁因素

灵长类动物是生存状态最受威胁的脊椎动物。根据国际自然保护联盟的最新报告,灵长类动物的生存状态是令人担忧的。热带森林火灾所导致的栖息地减少、人类的狩猎行为与野生灵长类动物的非法买卖都是它们面临的主要威胁。

森林资源的锐减不仅给猴子与猿猴带来了直接的影响,同时也造成了长期的危害。森林砍伐是 20% 温室气体释放的"元凶",这加速了全球暖化,间接对灵长类动物的生存造成了威胁。

全球范围内

在地球生物多样性较大的地区生存的灵长类物种所面临的生命威胁是极大的。25 种最受威胁的灵长类动物中,5 种来自马达加斯加,6 种来自非洲,11 种来自亚洲,而 3 种来自美洲。目前已经灭绝的已经有两种灵长类动物:古原狐猴(*Palaeopropithecus ingens*)灭绝于 17 世纪的马达加斯加;牙买加猴(*Xenothrix mcgregori*)灭绝于 18 世纪初。濒危物种红色名录的发布引起了人们的担忧:一种叶猴,因身处吉婆岛,而被命名为吉婆岛叶猴,目前只剩下 70 只。

保护措施

大部分生命遭胁迫的灵长类动物都处于人为保护区内。但是政治斗争与非法的国际买卖使得人为保护工作举步维艰。

倘若保护工作可以取得巨大成功,它们对保护濒危灵长类动物的重要作用也可展现出来。例如,在巴西,连续 30 年发动政府以及动物园更改规章制度,最终使得黑狮狨猴与金狮狨猴被列入濒危动物。目前这两种狨猴的生存环境都得到了极好的保护,但是这样好的人为保护区域仍然不够。加快建立新栖息地是长期保护它们的唯一途径。

教育和宣传活动对保护濒危物种也起到了重要作用,最起码对不负责任的游客起到了教育作用。

几乎 50% 的物种濒临灭绝

根据国际自然保护联盟的资料,634 种灵长类动物中有 200 多种濒临灭绝,其中有 50 多种因为缺乏充分的资料而无法定义它们的生存状态,而 40 种生存状态告急。

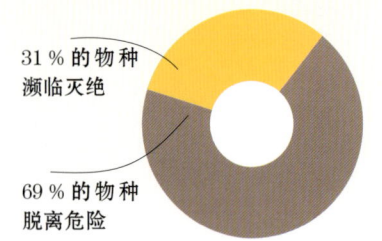

31% 的物种濒临灭绝

69% 的物种脱离危险

类人猿的生存现状

红毛猩猩、大猩猩、黑猩猩与倭黑猩猩的生存状态令人担忧。尽管它们遭受威胁的程度不尽相同,但是都逃离不了被捕猎、丧失栖息地与被非法买卖的厄运。人类是唯一没有遭受灭顶之灾的灵长类动物。

倭黑猩猩
Pan paniscus
自20世纪90年代起,倭黑猩猩由于丧失大片栖息地,生存现状令人担忧。

黑猩猩
Pan troglodytes
在类人猿中,黑猩猩分布最为广泛,但最近几十年它们的群体数目锐减,正处于危险状态。

西部大猩猩
Gorilla gorilla
种族争端、狩猎、森林砍伐与疾病传染是它们面临的主要威胁。

苏门答腊猩猩
Pongo abelii

大部分苏门答腊猩猩生活在保护区之外。其生活稳定性被2004年的海啸所打破,由于海啸导致栖息地锐减,紧接着,它们对树木的需求日益增加。

濒临灭绝的物种

在最近这十年里,若一种动物物种的锐减数目大于80%,或其数量少于250只,则被归为濒临灭绝的动物物种。非法售卖、砍伐森林制造木炭导致的栖息地减少以及在保护区内的人类的狩猎行为是黑冠猕猴、北鼬狐猴与丝绒冕狐猴生命备受威胁的三大原因。

黑冠猕猴 — *Macaca nigra*
北鼬狐猴 — *Lepilemur septentrionalis*
丝绒冕狐猴 — *Propithecus candidus*

原猴亚目

| 门：脊索动物门 |
| 纲：哺乳纲 |
| 目：灵长目 |
| 亚目：原猴亚目 |
| 科：6 |
| 种：85 |

原猴亚目的猴子是原始的灵长类动物，大部分是夜行性的，生活在非洲与亚洲。包括马达加斯加狐猴（有些是日行性动物）、亚洲懒猴、波多猴与非洲夜猴。它们长着圆圆的眼睛，而叶猴有着大大的耳朵、长长的尾巴和毛发。由于森林砍伐，大部分原猴亚目的猴子处于濒危状态。

Loris tardigradus
懒猴

体长：17.5~26 厘米
尾长：无
体重：85~350 克
社会单位：独居或成对
保护状况：濒危
分布范围：印度及斯里兰卡

它们是森林里四处穿梭的"常客"。有着大大的眼睛与敏锐的视觉。以蜥蜴、昆虫、卵、小型无脊椎动物、树叶与嫩芽为食。有着发达的食指与边缘无毛的耳朵。后腰皮肤颜色有灰黄色、深褐色与浅红色，下肢呈现白色或银灰色。雌性懒猴占主导地位，并且在 10 个月左右生殖器官就可达到成熟状态。妊娠期在 166~169 天之间不等，一次可产 2 只幼崽，6~7 个月之后便可断奶。

保护状况

生存状态遭受威胁的主要原因是人类对其栖息地森林的砍伐。此外，为了制作药材治疗眼疾，人类对其进行的捕杀与狩猎也是原因之一。

Otolemur crassicaudatus
粗尾婴猴

体长：29~37 厘米
尾长：41~47 厘米
体重：1~2 千克
社会单位：独居或群居
保护状况：无危
分布范围：非洲中部、东部与东南部

粗尾婴猴是夜行性动物，有着大大的耳朵、圆圆的眼睛和脑袋、宽而短的鼻子、粗而多毛的尾巴，它们的名字也由此而来。粗尾婴猴是夜猴中体形最大的，能够快速地定位与捕捉昆虫。此外，它们也用牙齿啃食树液与树胶。它们有着粗糙的皮肤，皮肤颜色根据栖息地的不同而变化：有亮色的、浅灰色的与暗褐色的。群居时，一般由雄性婴猴、雌性婴猴与猴崽构成一个集体。它们与其他夜猴最大的不同点在于，擅长用四肢行走与跑动。

Perodicticus potto
树熊猴

体长：30~40 厘米
尾长：3.7~15 厘米
体重：600~1600 克
社会单位：独居或群居
保护状况：无危
分布范围：非洲西部与中部

树熊猴这一物种由三大亚种构成。树熊猴体形很小，喜好夜行，是爬树与跳跃的"能手"。它们一旦受到惊吓，会长时间保持安静来误导攻击者。有着相对突出的鼻子，小小的耳朵与眼睛。皮肤的颜色可以是红色、灰色或褐色。后背突出的脊椎部分长着一些坚硬的毛发用作防御。旱季摄食树胶，雨季主要摄食昆虫、蜗牛与果实。它们分布广泛，妊娠期长达 200 天，寿命约为 25 年。

适应环境

原猴亚目的猴子都适应了树上的生活，而且大部分是夜行性动物，有着大大的眼窝与良好的夜间视力。它们通过四肢行走，擅于抓取物体及在树枝之间摇摆与跳跃。大部分栖居在中高处的树冠上。除了指猴，所有原猴都有着像梳子一般的牙齿，由4~6颗下门牙组成，可以相互理顺毛发。此外，它们还有着长长的爪子与平平的指甲。相比其他灵长类动物，它们的嗅觉更为灵敏。

分类

原猴亚目的猴子很难分类。原猴亚目有三大亚群：狐猴、指猴与懒猴。最新研究显示，并不是所有原猴都有共同的特点与祖先。猴子与猿猴是较为原始的灵长类动物。此外，眼镜猴也属于较为原始的灵长类动物，如今也被归类为猴子的一种。

领地

不同的原猴亚目物种通过不同的方式来宣示自己的领地。大狐猴生活在大树叶下，并且会通过发出强烈的呻吟声来宣示自己的主权。而黑狐猴十分爱惜自己的生活空间与资源。狐猴会发出"嘶发"的叫声来宣示自己的领地。环尾狐猴利用手腕处的腺体来摩擦幼树，通过发出声音来宣布自己的领地。夜猴用自己的尿液来标定领地。

Propithecus verreauxi
维氏冕狐猴

体长：45~55厘米
尾长：43~56厘米
体重：3~7千克
社会单位：群居
保护状况：易危
分布范围：马达加斯加西部与南部

关于维氏冕狐猴的生活仍旧存在许多未知的东西。它们所居住的环境十分多样，上至热带雨林下至干燥的落叶林。又名白冕猴，喜好群居，有时候甚至12只维氏冕狐猴共同居住，它们为了寻找食物能够四处灵活穿梭。树叶是它们主要的食物来源，此外也吃水果、树皮与花朵。它们会根据质量而非数量来挑选食物，通常会挑选比较有营养的食材。

毛发大多呈白色，头部如同它们的手臂与腰窝一般呈褐色或黑色。目前存在着4种维氏冕狐猴。它们的脸比其他猴子的要宽些。与其他的狐猴相比，它们有着宽的肋骨、直立的腰椎与窄窄的盆骨，因此，灵活性更强。妊娠期长达130天，雌性维氏冕狐猴通常在6~8月之间产崽，一胎只产1只幼崽。幼崽生下来之后前8周会一直挂在母猴的腹部，8至19周会趴在母猴背上。维氏冕狐猴可以活20多年。

肢体敏捷
用尾巴来保持平衡，从树枝间跳到地上，它们的步态有些笨拙。

Eulemur macaco
黑美狐猴

体长：30~45厘米
尾长：55~60厘米
体重：3千克
社会单位：群居
保护状况：易危
分布范围：马达加斯加北部

黑美狐猴生活在潮湿的森林里，性别二态性很明显。雄性毛发为黑色，而雌性毛发比褐色或橙褐色要亮一些。成员数高达15只的黑美狐猴猴群无论日夜活动都十分活跃。主要吃水果、树叶、蘑菇、花朵与小型无脊椎动物。雌黑美狐猴在4~5月之间交配，在长达125天的妊娠期后，会在8~10月之间生产。幼崽会在6个月后断奶，2年之后达到性成熟。

Varecia variegata
领狐猴

体长：51~60 厘米
尾长：56~65 厘米
体重：3.2~4.5 千克
社会单位：群居
保护状况：极危
分布范围：马达加斯加东部

毛发为白色或红白相间，身体很多部位包括脸是黑色的。生活在热带雨林高高的树林上面，只吃经过精挑细选之后的水果。因为这个饮食特点使得它们的生活原状容易被打破，生命容易遭受威胁。它们群居在一起，每个群体有 2~20 只个体。在 90~102 天的妊娠期后，雌性领狐猴会产下 2~3 只幼崽，幼领狐猴出生后会在窝里待上几个星期，之后雌性领狐猴会把它们叼在嘴里四处行走。领狐猴是唯一一种会为了照顾刚出生的幼猴而建起一个特别的小窝的灵长类动物。

生态保护

领狐猴猴群分布十分分散，并且数目呈现减少的趋势。目前它们分别栖居在 11 个不同的保护区内，已有拓展栖息地的计划。

强韧的双手
比其他狐猴的手指更长、更强壮。触觉接触是它们交流的方式之一。

Indri indri
大狐猴

体长：60~90 厘米
尾长：5~6 厘米
体重：7~10 千克
社会单位：成对或群居
保护状况：濒危
分布范围：马达加斯加东北部

大狐猴又称原狐猴，是一种体形较大的狐猴，常于白天活动。生活在平原或潮湿的山地森林里。喜群居，一般 2~6 只成群结队，由成年的雌猴、雄猴与幼崽组成。它们所占领的领地可达 18 万平方米。

食物主要以树叶、水果与树皮为主。择木而栖，有些情况下也会下降到地面生活。雌性大狐猴一般每间隔 2~3 年产 1 胎，妊娠期长达 120~150 天。幼崽 6 个月之后就会断奶，但是会待在雌性猴身边大约 2 年。

保护状况

大狐猴濒危的主要原因是森林砍伐。它们栖居在马达加斯加岛的 10 个保护区里，并且为了杜绝人类的捕杀行为，它们还是一个教育项目的形象大使。在国际范围内，大狐猴的买卖是被明令禁止的。

Daubentonia madagascariensis
指猴

体长：36~44 厘米
尾长：22.5~40 厘米
体重：2.5~2.6 千克
社会单位：独居或群居
保护状况：近危
分布范围：马达加斯加东部与西北部

指猴，作为一种稀有的猴子，它们可以生活在不同的环境里：热带森林、红树林、干旱的森林、椰林甚至耕地。是夜行性动物，与其他狐猴相比，它们的睡眠时间较多。主要吃从掀开的树皮里捉来的虫子。

Avahi laniger
蓬毛狐猴

体长：30~45 厘米
尾长：37 厘米
体重：600~1300 克
社会单位：群居或成对
保护状况：无危
分布范围：马达加斯加东部

蓬毛狐猴是夜行性动物，毛发浓厚，一雄一雌与幼崽生活在潮湿的森林里。白天睡在靠近地面的浓密的枝叶间。脸部的毛发很短，耳朵被长长的毛发覆盖着。以树叶与嫩芽为食。

哺乳动物（上）

Lemur catta
环尾狐猴

- 体长：38~46 厘米
- 尾长：56~62 厘米
- 体重：2.2~3.5 千克
- 社会单位：群居
- 保护状况：近危
- 分布范围：马达加斯加南部

灵活的双手
双手长着老茧，有着尖尖的指爪，善于爬树。

繁衍后代
经过4个月的妊娠期后，会产下1~2只幼崽。哺乳期为5个月，第三年达到性成熟。

保护状况
由于近年来环尾狐猴数目的锐减，它们已被列入濒危动物。为了防止它们的数目继续减少，在马达加斯加的各个地方已设立了许多保护区。

环尾狐猴是最知名、最具象征性的狐猴。长长的尾巴，颜色黑白相间，可绕成环形，因此被命名为环尾狐猴。体形相对较大，喜好社交群居，环尾狐猴猴群可由25只个体组成。它们在地面度过大部分时光，因此，它们在地面行走的灵活度比其他狐猴要好得多。此外，它们还是"爬树高手"。猴群一般由雄猴与雌猴组成，雌猴在社会地位上占有主导与优先权，其中包括觅食。毛发呈现灰色，有部分毛发尤其是下肢为白色或浅灰色。就像大部分狐猴一样，环尾狐猴有着尖长的黑鼻子，后肢比前肢要长，手掌上的毛很柔软。与其他品种的狐猴不同的是，它们脚上的毛并不多。可以在马达加斯加西南部与南部干旱的森林、大草原、峡谷或岩石地区找到它们的身影。雄环尾狐猴有两大腺体可分泌出分泌物，用来标示自己的领地。其中一个腺体位于胸与腋窝之间，另外一个在手腕旁边。它们主要的食物有树叶、树根、果实、叶芽与一些小昆虫。在它们消化了果实之后，会四处散播种子，在自然界起到了播种的作用。

黑色的眼眶
在环尾狐猴眼睛的四周，长着一圈黑色的毛发。

猴子、猿猴与眼镜猴

| 门：脊索动物门 |
| 纲：哺乳纲 |
| 目：灵长目 |
| 亚目：简鼻亚目 |
| 科：5 |
| 种：263 |

新旧世界的猴子、黑猩猩、大猩猩、红毛猩猩与眼镜猴都属于简鼻亚目。它们的鼻子、耳朵与胎盘与原猴亚目的猴子有所不同。大部分简鼻亚目的猴子与猩猩喜好素食，当然也有一些品种是草肉兼食的。它们的解剖结构和智力与人类有相似之处，这是许多科学家的科研项目。

Tarsius tarsier
马来西亚眼镜猴
体长：9.5~12.7 厘米
尾长：20~25 厘米
体重：80~135 克
社会单位：群居
保护状况：易危
分布范围：印度尼西亚（苏拉威西岛西部与南部及附近岛屿）

最近这30年由于栖息地（森林与红树林）的减少，导致了马来西亚眼镜猴数目相应地下降。它们动作灵敏，既可在树上四处摇摆，也可垂直地挂在树上。一般在距离地面2米左右的树荫下能找到它们的身影。马来西亚眼镜猴是一种喜好夜行与社交的灵长类动物。其猴群可多达6名成员，实行一夫一妻制或一夫多妻制。它们的食物主要是昆虫与其他一些小型无脊椎动物。它们的领地一般小于1万平方米。它们偏好栖居在树叶浓密的地方，白天可以在此舒适地睡觉。

有力的双腿
马来西亚眼镜猴因为有长长的后肢，可以完成大幅度的跳跃。

Callithrix jacchus
普通狨猴
体长：12~15 厘米
尾长：29.5~35 厘米
体重：300~360 克
社会单位：群居
保护状况：无危
分布范围：巴西东北部

普通狨猴是择木而栖、草肉兼食的日行性动物。栖居在热带森林或耕地中。但是相比浓密的植被，它们更喜欢森林。雌猴在发情期时会同时与2只雄猴一同交配。普通狨猴猴群最多可由13只猴子组成。在长达148天的妊娠期后，雌猴会产下2只幼崽，幼崽出生后由雌猴与雄猴一同抚养长大。

Tarsius bancanus
邦加跗猴
体长：8~12.5 厘米
尾长：13~27.5 厘米
体重：85~160 克
社会单位：独居
保护状况：易危
分布范围：印度尼西亚，婆罗洲岛及附近岛屿

邦加跗猴是夜行性动物，吃节肢动物、蝙蝠与小鸟。除了具有敏锐的感官，它们还能把头转到后方，这使得它们能够时刻警惕敌人的到来。实行一夫一妻制，能轻易地爬树与悬挂。在长达180天的妊娠期后产崽，幼崽有着浓密的毛发，能够自己理顺毛发。

Callithrix pygmaea
侏狨
体长：11.7~15.2 厘米
尾长：17.2~23 厘米
体重：107~141 克
社会单位：群居
保护状况：无危
分布范围：南美洲西北部

侏狨栖居在亚马孙流域的上游，是世界上最小的猴子。食物主要是在树木的树皮内提取的树液、橡胶与乳胶。毛发柔顺而浓密。除了大脚趾上有唯一一块扁平的脚指甲，所有的指头都有尖利的爪子。在长达140天的妊娠期后，雌猴会产下2只幼崽。

哺乳动物（上）

解剖结构

猴子有着平坦的胸部、多毛的鼻子与较大的脑袋，是四足动物，但是能够直立地坐下与行走。旧世界猴子有着窄窄的鼻梁与朝前或朝下的鼻孔，而新世界的猴子有着宽宽的鼻梁与朝向两侧的鼻孔。那些类人猿有着短短的脊椎骨与宽短的盆骨，这使得它们可以直立行走。此外，它们还有宽阔的胸腔，可以灵活运动的肩关节，它们的肩胛骨在背上。

社会组织

一般猴群由雄猴、雌猴与幼猴组成。但是有些也会组成一夫多妻制的猴群，像叶猴与猕猴。而那些体形较小的，如蜘蛛猴，则组成上百只的猴群。体形较小的猿猴会一雄一雌在领地上生活，而体形较大的，像红毛猩猩则自己独立生活。大猩猩会组成多达30只个体的猩猩群体，由一只占主导地位的雄性大猩猩所统领。而黑猩猩则会互相合作，共同制订狩猎方案，以便捕捉其他动物，甚至包括其他种类的猴子。通常情况下，猴群内的成员相互理顺毛发是一个日常的行为习惯。

智力

猿猴，就像人类一样，拥有解决复杂问题的能力。有些甚至可以根据自身需要制作工具。猴子可以使用岩石或棍子来敲打干果，为了方便进食，它们还会自己取出种子。所有的灵长类动物都具备学习与记忆的能力。这些能力使得它们可以在不同环境下的栖息地里逐渐适应并生存下来。根据一些科学研究，红毛猩猩可以通过手语解开谜语与识别记号。

Aotus azarae
阿氏夜猴

体长：24~47.5 厘米
尾长：31~41.8 厘米
体重：78~1250 克
社会单位：群居
保护状况：无危
分布范围：南美洲

阿氏夜猴是唯一一种日夜兼行的猴子，其余品种都有着夜行的习惯。它们的毛发尽管不长，但很浓密。它们的大部分体毛呈黄褐色，肚子上的毛呈微红色或偏橙色，眉毛与眼睛之间有着白色的标记，这个独特的面部特征，有助于把它们和其他种群的猴子区分开来。猴群一般由雄猴、雌猴与幼猴所组成，生活在平原各种各样的森林里。除了群居，也可独居，草肉兼食。领地范围约10万平方米，它们晚上散步时在半径800米的范围内活动。雌猴妊娠期长达133天，幼猴1年之后断奶，2年之后达到性成熟。

灵活的双手
指尖上长着肉垫

Leontopithecus rosalia
金狮狨

体长：31~36 厘米
尾长：31.5~40 厘米
体重：400~800 克
社会单位：群居
保护状况：濒危
分布范围：巴西的大西洋沿岸

顾名思义，这种猴子有着长而浓密的金色毛发，像极了狮子，因此被命名为金狮狨，可组成多达16只个体的猴群。雌猴在长达130~135天的妊娠期后会产下2只幼猴。起初几个月幼猴由雌猴照顾，之后由整个猴群，尤其是由雄猴照顾。通过叫喊与动作来圈定自己的领地范围。它们草肉兼食，吃树叶、果实、青蛙、蜗牛、小蜥蜴、卵与鸽子。天敌有蛇、猛禽与猫。寿命约有15年。

宽宽的鼻子
鼻孔分得很开

保护状况
金狮狨是世界上罕有的物种。在野生地区，只有600只金狮狨。有1/3的金狮狨是依靠人类圈养而存活下来的。

Saguinus imperator
皇狨猴

体长：25~26 厘米
尾长：35~42 厘米
体重：300~450 克
社会单位：群居
保护状况：无危
分布范围：亚马孙盆地西南部（巴西、玻利维亚与秘鲁）

皇狨猴有着长长的白色胡须，但体毛主要是深灰色，背部偏黄色，胸部微红色。栖居在洪涝泛滥且树木浓密的亚马孙森林里。择木而栖，草肉兼食，可以和其他狨猴共同生活。皇狨猴群由许多成年狨猴组成，其中包括2只雄性皇狨猴。猴群内部的等级根据性别与年龄而不同。

Saimiri sciureus
松鼠猴

体长：25~32 厘米
尾长：37~43.4 厘米
体重：0.6~1.4 千克
社会单位：群居
保护状况：无危
分布范围：南美洲中部与北部

松鼠猴生活在热带森林的中部，有着浅灰色的体毛与黄色的爪子。它们是日行性群居动物，可以组成多达 300 只个体的猴群，猴群根据亲属关系细分，且雌猴占主导地位。松鼠猴主要吃水果与昆虫。在它们的繁殖期，性关系十分随意。幼猴经过 145~170 天的妊娠期后一般在雨季出生，因为在此期间食物资源十分丰富。寿命长达 20 年。

Cacajao calvus
白秃猴

体长：36~57 厘米
尾长：13.7~18.5 厘米
体重：2.5~3.5 千克
社会单位：群居
保护状况：易危
分布范围：亚马孙盆地

白秃猴只生活在雨水充足的亚马孙热带森林里。长相特别，红色秃头，身体毛发浓密，尾巴很短，无法缠绕挂树。白秃猴是择木而栖且喜好日间行动的四足动物。它们的主要食物是种子与果实。猴群一般由 10~30 只个体组成，有时甚至是 100 只。实行一夫一妻制，寿命长达 30 年。

Cebus apella
黑帽悬猴

体长：35~48.8 厘米
尾长：37.5~48.8 厘米
体重：2.5~4.5 千克
社会单位：群居
保护状况：无危
分布范围：南美洲

黑帽悬猴生活在安第斯山脉东部的热带与亚热带森林里，此外，在干燥的森林、阿根廷西北部海拔高达 1100 米的丛林里也可找到它们的身影。一般栖居在中低下层的树木里，因为在那里比较容易找到食物。在所有卷尾猴中，黑帽悬猴适应力最强，能够在各种各样的环境中生存下来。因此，它们的分布范围也十分广泛。毛发颜色各异，有亮褐色、芥末色甚至黑色。下颚有力，可咀嚼大型水果、蔬菜、种子与各类动物，上至青蛙、蜥蜴、鸽子与黄鼠狼，下至无脊椎动物。它们在进食时会发出很大的响声。黑帽悬猴喜欢霸占领地，为此会攻击其他猴子。它们的活动范围在 25 万~40 万平方米之间。能通过嗅觉判定自己的领地，通常用尿液洗手，之后会用自己的毛发来擦拭双手。寿命长达 45 年。

它们实行一夫多妻制，因此，通常是许多只雌性黑帽悬猴与占主导地位的雄猴一起交配。在长达 150~160 天的妊娠期后，雌猴会产下幼猴。雄猴大约在 6 岁的时候达到性成熟，此时它会远离自己的群体，而雌猴会继续留下来。

Ateles geoffroyi
黑掌蜘蛛猴

体长：30.5~63 厘米
尾长：63.5~84 厘米
体重：6.6~9 千克
社会单位：群居
保护状况：濒危
分布范围：墨西哥南部与中美洲

黑掌蜘蛛猴拥有长长的四肢与尾巴，因此看上去像蜘蛛一样，可以轻易地悬挂在热带森林的树木上。头部很小，有着大大的鼻子，背部呈黑色、褐色或微红色，胸部与腹部的颜色会亮一些。猴群可多达 20~30 只，占地约 230 万平方米。为了寻找成熟的水果，它们会集中在白天行动，一般早上吃很多食物，而剩余时间用来休息。在长达 226~232 天的妊娠期后，雌猴会产下唯一一只幼猴。因为雌猴在哺乳期间是无法排卵的，因此，每 2~4 年才会产 1 胎。

保护状况
对黑掌蜘蛛猴的国际买卖是受到严厉管制的。此外，目前总共设立了 60 个私立或公立的蜘蛛猴自然保护区。

非常敏感
它们可以单手悬挂在树上或者用尾巴拴住树枝悬挂在树上，尾巴可视为它们的第五个肢体。

哺乳动物（上）

Alouatta caraya

黑吼猴

体长：55~90 厘米
尾长：55~90 厘米
体重：4.5~8 千克
社会单位：群居
保护状况：无危
分布范围：南美洲中部

黑吼猴是唯一一种吃大量成熟树叶的新世界猴子，通常这类型的叶子会比较硬，汁液比较少。此外，它们也吃幼芽、种子与花朵。黑吼猴是美洲大陆上体形最大的灵长类动物。雌雄性别二态性，体形与毛发颜色都有所不同。幼猴刚出生的时候，体毛与雌猴一致，但是随着时间的增长，它们淡黄色的毛发会根据自身性别慢慢变色。黑吼猴的尾巴与身体一样长，有力且可缠绕。双手灵活，不仅可以抓住树枝，还可以辨别物体的材质。

黑吼猴择木而栖，可栖居在形态各异的森林里，上至潮湿的靠近河流的森林，下至平坦的大草原。黑吼猴猴群可由多达9只的个体组成，但是有些群居猴群甚至多达20只。它们通过叫喊声或粪便来宣告自己的领地；此外，还会通过反复摩擦树枝留下自己的体味来宣告领地所有权。

黑吼猴的妊娠期长达约187天。雌猴一胎只产1只幼崽。幼猴刚出生时体重最多可达到100克，由雌猴照顾长达1年。当幼猴长大成形后，雌性幼猴会留在猴群里，而雄性幼猴会离开原来的猴群，并与其他猴子组成新的猴群。在幼猴的生母死去后，其他雌性黑吼猴会担当起照顾幼猴的责任。此外，年轻的雄性黑吼猴是禁止与它的兄弟一起生活的，因为它们会手足相残。

丛林的吼叫
每天早上或下午，黑吼猴都会发出吼叫声，以此宣告自己的领地所有权。它们的叫声在2千米的范围内都能被听得到。

褐色的眼睛
大小适中的眼睛朝向前方

光秃秃的鼻子
脸部几乎无毛，鼻孔靠得很近

性别二态性
雌性黑吼猴尾巴呈现淡黄色，有时候甚至是金黄色；而雄猴体形较大，毛发黑色，黑吼猴也因此而得名。

Mandrillus sphinx
山魈

体长：61~76.4 厘米
尾长：5.2~7.6 厘米
体重：11.5~54 千克
社会单位：群居
保护状况：易危
分布范围：非洲中西部

照顾幼崽
由雌山魈而非雄山魈负责照顾幼崽。

山魈内部会组成一个十分精巧的社会结构：其群体由多达 250 只山魈组成，其中再细分为多个由 20 只个体组成的小团体，一般由雄山魈统领。拥有主导权的雄山魈可与多只多产的雌山魈交配。

多样的膳食

山魈在白天时会离开树木四处寻找食物，它们主要吃水果、种子、蘑菇、昆虫、蚯蚓、蟾蜍、蜥蜴，甚至蛇及其他小型脊椎动物。

繁殖

在 4~8 岁的时候，雌山魈在长达半年的妊娠期后会产下它们的第一胎，每隔 18~24 个月就会繁殖一次，一次只产 1 只幼崽。幼崽成长到 2 个月大后，会有黑色的毛发与粉红色的皮肤。

颜色与信号

在非洲丛林中，大部分山魈都拥有十分醒目的脸庞。它们有着长长的红色鼻子、偏黄色的胡须与瘦骨嶙峋的骨架。山魈的体色根据社会组织关系的不同而有所变化：占主导地位的雄山魈一般会拥有与众不同的身体特征，而且它们会通过这些特征来互相交流与传递信号，例如，它们会露出自己的牙齿，且通过头部与双臂的摆动来吓退对手。

锐利的眼神
它们的立体视觉与对颜色的识别能力使得它们可以辨别同伴所传递的信号。

蓝色的侧鼻
在鼻子的两端有着直立的蓝色侧鼻，这是把山魈与其他灵长类动物区别开来的一大特点。

红色的鼻子
鼻子红色的深浅根据其年龄不同而不同。雄山魈由于睾丸素的增加会使得鼻子颜色更深。

骇人的犬齿
山魈张开大大的嘴巴露出锋利的犬齿，它们通过这样的动作向敌人发出恐吓的信号。通常它们还会摆动自己的双臂。

黄色的胡须
只有雄山魈才有耀眼的胡须，呈黄色或橙色。

12 厘米
占主导地位的雄山魈的犬齿可以长到的长度。

团体觅食
山魈是四足动物，走路时手脚并用。一般它们会团体一起觅食，通过发出低吼来互相保持联系。

哺乳动物（上） 97

性别二态性
雌山魈的体形大概是雄山魈的1/3，而且它们面部的颜色会淡一些。雄山魈平均体重为25千克，而雌山魈的体重才11.5千克。年轻的雄山魈的身体颜色比成年的雄山魈要淡一些。

雌山魈　　　雄山魈

变化莫测的色调

当一只雄山魈很兴奋的时候，它屁股的颜色以及胸前的蓝色会闪闪发亮。此外，它们尾巴的颜色也会传递出信号：当它表示屈服或者想在茂密的植被中安定下来时，它的尾巴会变成深色。

淡紫红色
山魈的屁股布满血管，所以呈现淡紫红色。

脚踝与手腕
山魈兴奋的时候脚踝与手腕会变成红色。

Cercopithecus neglectus
白臀长尾猴

体长：40~60 厘米
尾长：48~67 厘米
体重：4.5~7.8 千克
社会单位：群居
保护状况：无危
分布范围：非洲中部

白臀长尾猴栖息在靠近河流的热带森林或遍布金合欢树的沼泽湿地里，通常都是一些靠近水资源且海拔不高于 2000 米的地方。作为群居动物，猴群里可有多达 30 只白臀长尾猴，一般由雄猴统领，而且大部分择木而栖，占地 15 万平方米。它们的主要食物是果实、种子、树叶、树根甚至小型鸟类、卵、昆虫与部分爬行动物。尽管分布范围很广，但是在自然环境中白臀长尾猴的数目仍是十分有限的。妊娠期长达 5~6 个月，幼猴 1 年后断奶，5~6 岁达到性成熟。

保护状况
尽管白臀长尾猴在大部分栖息地分布广泛，数目相对充足，但是近年发现它们在肯尼亚正濒临灭绝。

主教般的面容
白臀长尾猴又称作主教猴，因为它脸部的长毛发使它看起来像一个主教老头。

Cercopithecus diana
黛安娜长尾猴

体长：40~55 厘米
尾长：50~75 厘米
体重：4~7 千克
社会单位：群居
保护状况：易危
分布范围：非洲西部（塞拉利昂至科特迪瓦）

毛发呈现黑色或深灰色，身体前半部从喉咙到前臂呈白色。此外，它们的眉毛也是白色的，背部的下半部呈栗色。它们大部分时间都在靠近河流的潮湿森林里。作为日行性动物，一般在树林的高处休息。主要吃水果、昆虫、花朵、嫩叶与卵。群居动物，一个猴群可有多达 50 只黛安娜长尾猴，由雄猴、雌猴与幼猴所组成。在遭遇危险的情况下，黛安娜长尾猴会发出强烈的吼叫声。在长达 5 个月的妊娠期后，母猴会产下唯一一只幼猴。幼猴在 5 个月之内都由雌猴照顾，直到 3 岁时达到性成熟，成年的雄猴一般会离开自己原本的猴群。寿命长达 20 年。

Erythrocebus patas
赤猴

体长：60~87.5 厘米
尾长：50~75 厘米
体重：4~13 千克
社会单位：群居
保护状况：无危
分布范围：非洲中部

赤猴生活在草原或半沙漠地区，是行动最敏捷的灵长类动物，速度可达 55 千米/时。赤猴是日行性动物，喜好群居，猴群可由多达 30 只赤猴组成。主要食物为青草、种子与果实。每只赤猴霸占一棵树用来睡觉与休息，因此，它们的分布范围可达 250 万平方千米。它们的繁殖率很高，但是成年赤猴因其陆栖性的生活习惯，死亡率也很高。

Cercopithecus mitis
青长尾猴

体长：40~70 厘米
尾长：70~100 厘米
体重：6~12 千克
社会单位：群居
保护状况：无危
分布范围：非洲中部与东部

在前额有一块类似皇冠的斑纹，因此又名皇冠猴。青长尾猴有不同的亚种（总共有 17 种），其腰部颜色有灰色、褐色与橄榄绿色。青长尾猴是树栖性动物，栖居在各种各样的丛林中，甚至在海拔高达 3300 米的森林里也有分布。一个猴群由 10 多只青长尾猴组成，占地 5 万~10 万平方米。它们的主要食物是水果、蔬菜与无脊椎动物。

保护状况
由于森林砍伐与人类狩猎行为的猖獗，黛安娜长尾猴的栖息地正在慢慢减少。它们的皮肉是十分有价值的。在加纳，黛安娜长尾猴已经灭绝。近来对它的研究遇到了困难，因为已经很难在生态保护区内找到黛安娜长尾猴的研究个体。

哺乳动物（上） 99

Colobus guereza
东黑白疣猴

体长：45~72 厘米
尾长：52~100 厘米
体重：8~14 千克
社会单位：群居
保护状况：无危
分布范围：非洲中部

东黑白疣猴栖居在靠近河流或小溪的潮湿的热带森林里。猴群可由多达 15 只猴子组成。毛发颜色为深黑色，与此同时，它们的脸、肩膀与尾巴都是白色的。它们白天活动，择木而栖，好动且喜吼叫，活动范围约 20 万平方米。必要时它们还会攻击自己的同伴或其他类似种类的猴子。在夜晚的时候，它们会轮流值岗，留意敌人的攻击。它们的主要食物为嫩叶、果实与嫩芽。东黑白疣猴在任何时间都可以交配。在 175 天的妊娠期后，雌猴会产下唯一一只幼猴，幼猴在 6 个月之后会断奶。雄性幼猴在 6 年之后才会达到性成熟，而雌猴只需要 4 年。在成年之后，雄猴会离开原来的猴群并且会为心爱的雌猴而争风吃醋甚至打架，通过与雌猴的交配来组建自己的猴群。寿命长达 30 年。

亚种的多样性
不同亚种的尾巴长度也相应地有所不同，总共有 8 个东黑白疣猴亚种。

幼猴的颜色
刚出生的时候幼猴是白色的，经过几个月的成长后渐渐会变成自己特有的颜色。

Allenopithecus nigroviridis
短肢猴

体长：45~60 厘米
尾长：50 厘米
体重：3.5~6 千克
社会单位：群居
保护状况：无危
分布范围：刚果盆地（非洲中部）

短肢猴只栖居在刚果河潮湿的沼泽林或河岸旁边。身体健壮，毛发呈灰绿色。白天它们在地上或浅滩上寻觅食物。主要食物为水果、树叶、甲虫与蚯蚓。猴群由 40 只短肢猴组成，个体之间通过手势与叫声互相交流。为了规避危险，它们可以跳入水中。一胎只产 1 只幼崽，幼猴由雌猴照顾长达 75 天。

Macaca mulatta
普通猕猴

体长：45~64 厘米
尾长：19~32 厘米
体重：5.5~12 千克
社会单位：群居
保护状况：无危
分布范围：亚洲南部、东南部与东部

普通猕猴数量繁多，适应力强，是猴子中分布最广的品种。它们既可生活在树上也可生活在地上。普通猕猴是食草性动物，但也吃部分昆虫。它们智力超群，可以组成有 200 只个体的猴群，通过性别与年龄来划分等级。妊娠期长达 165 天，一次通常只产 1 只幼崽。雌猴与其姐妹通常肩负起照顾幼猴的责任。

Piliocolobus badius
西方红疣猴

体长：45~69 厘米
尾巴：51~80 厘米
体重：5.1~11.5 千克
社会单位：群居
保护状况：濒危
分布范围：非洲西部（塞内加尔至加纳）

通常可以在四季常青的热带雨林里找到西方红疣猴的身影。毛发黑色或深灰色。猴群可由多达 90 只红疣猴组成。喜好日间行动，择木而栖，会分散成几伙四处寻找食物。一只雄性西方红疣猴可与多只雌猴交配，雌猴每两年产 1 胎。雌猴达到性成熟后会离开原本的猴群，而雄猴会继续留下来。它们是黑猩猩的常见猎物。

保护状况
由于它们的肉很珍贵，人类的狩猎使得红疣猴正处于危险之中。同时，它们也面临着森林砍伐、农业耕种与人类住宅增多而导致的栖息地减少等问题。

Macaca nigra
黑冠猕猴

体长：44.5~57 厘米
尾长：1~3 厘米
体重：5.5~10.4 千克
社会单位：群居
保护状况：极危
分布范围：西里伯斯岛，主要是苏拉威西岛（印度尼西亚）

黑冠猕猴身体健壮，除了屁股呈红色外，毛发通体呈黑色。性别二态性十分明显：雄性猕猴的体重是雌性猕猴的2倍，而且犬齿也更加发达。犬齿的主要作用在于雄性猕猴需要捍卫自己的食物，或者在发情期与其他雄猴进行较量。黑冠猕猴可栖居在多种多样的环境里，从山地崎岖的森林到高达1200米的红树林，再到沿海地区或耕地。但是，在有人类踪迹的地方很少见到黑冠猕猴。它们同其他猕猴一样，也吃水果、种子、花、青草、树叶、蘑菇与其他无脊椎动物。它们天性喜好社交，通常在白天或傍晚的时候进行交流，其他时间用来觅食与休息。

保护状况
在最近几十年里，黑冠猕猴的数量减少了80%。在马卢卡斯岛上，总共有10万只黑冠猕猴；但是在苏拉威西岛上，只有约800只。

Macaca fuscata
日本猕猴

体长：50~95 厘米
尾巴：8~12 厘米
体重：5.5~14 千克
社会单位：群居
保护状况：无危
分布范围：日本

红色的脸
无毛的脸上布满了许多血管，因此呈现红色。

Macaca arctoides
短尾猴

体长：48.5~65 厘米
尾长：32~69 毫米
体重：7.5~10.2 千克
社会单位：群居
保护状况：易危
分布范围：印度东北部与东南亚

短尾猴有着长而浓密的毛发，颜色呈深褐色。它们尾巴内部无毛。脸颊有很好的伸展性，短时间内可以容下很多食物（一般是果实）。它们大部分时间都生活在四季常绿的热带或亚热带森林里。妊娠期长达177天，幼猴会在第九个月后断奶，4~5岁的时候达到性成熟。

日本猕猴是最靠近北部的猴子。它们在日本文化中占据了十分重要的地位，通常与一些佛教或神社的传说有关。它们没有天敌，但是城市建设与森林砍伐对它们的生存构成了极大的威胁。它们有着浓密的毛发用来抵御严寒，随着外部温度的下降，它们的毛发会变得比较粗。它们草肉兼食，组成有200只猴子的猴群，生活在森林或山地里。雄性猕猴与雌性猕猴内部各自存在不同的等级制度。妊娠期长达173天，一胎通常只产1只幼崽，产后幼崽由雄猴与雌猴共同照顾。

Macaca sylvanus
巴巴利猕猴

体长：56~70 厘米
尾长：无
体重：10~15 千克
社会单位：群居
保护状况：濒危
分布范围：非洲北部与直布罗陀

巴巴利猕猴也叫直布罗陀猴，是唯一一种只生存在亚洲之外的猕猴。它们喜欢在日间活动，栖居在杉树、松树、栎树林里。食草性动物，大部分时间都在地面活动。雄性巴巴利猕猴的体形要比雌猴大1倍多，雌猴可与猴群里的所有雄猴交配。它们复杂的社会结构反映了母权制以及雄猴因战斗力而地位不同的等级制。

保护状况
在野外，巴巴利猕猴的数量不超过2.1万只。它们备受摩洛哥与阿尔及利亚的法律所保护，因此，在当地也设立了许多生态保护区。但是另一方面，人类对巴巴利猕猴的狩猎与买卖也应当得到相应的控制。

Papio hamadryas
狒狒

体长：61~76.2厘米
尾长：38.2~61厘米
体重：9.2~21.5千克
社会单位：群居
保护状况：无危
分布范围：非洲西北部（埃及与其邻国）与阿拉伯半岛

在古老的埃及，狒狒被驯化用来摘取果实或者牧羊。它们作为地方神被崇拜。雌狒狒的毛发呈亮褐色，而雄狒狒的毛发为灰色。它们栖居于洞穴或岩石之间，草肉兼食，食物根据季节而有所不同。与其他灵长类动物不同的是，它们是父权制。其复杂的社会结构分为4个等级：其中最基本的便是一夫多妻制，一般由25只狒狒组成一个群体，由一只占主导的雄狒狒所统领着，它严格控制着雌狒狒的行为活动。它们任何时候都可以交配，雌狒狒一胎只产1只幼崽，幼崽12个月之后便可独立生活。

Macaca silenus
狮尾猴

体长：40~61厘米
尾长：24~38厘米
体重：3~10千克
社会单位：群居
保护状况：濒危
分布范围：印度西南部

狮尾猴是最小的猕猴之一。毛发呈亮黑色，在它们黑色无毛的面部周围长着灰白色的胡须与鬃毛。它们喜欢在日间活动，择木而栖。吃小动物与蘑菇。由于担心天敌的进攻，它们在地面的觅食速度很快。与其他猕猴相比，它们比较不相信人类。只栖居在多山有雨的森林里，海拔高度可达1500米。狮尾猴猴群分布十分分散，实行一夫多妻制，通常组成有12~35只猴子的猴群，尽管雄猴占主导地位，但雌猴数量会比雄猴多。在6个月的妊娠期后，幼猴会在花果繁茂的季节出生，通常与夏季季风同期。雌猴在4岁之后可达性成熟，而雄猴要到6岁。它们占地可达140万平方米，会大声尖叫以警告进入它们领地的猴子。

Papio anubis
东非狒狒

体长：48~76厘米
尾长：38~58厘米
体重：14~25千克
社会单位：群居
保护状况：无危
分布范围：非洲中部

东非狒狒，作为分布最广泛的狒狒，栖居在非洲的25个国家里，栖息地有森林、稀树草原和草原。它们是地栖性的四足动物，一个群体可有多达150只狒狒。它们草肉兼食，与其他品种狒狒不同的是，它们的活动范围相对较小。其内部的社会结构很复杂，通过力量与活力来划分雄狒狒的等级，而雌狒狒主要通过世袭制来确定地位。成年雌狒狒是整个团体的中心。它们的成熟期较晚，一般雌狒狒8年才可达到性成熟，而雄狒狒要10年之久。任何时间都可交配。妊娠期约180天左右，一胎只产1只幼崽。幼崽会在420天之后断奶，之后便可独立生活。

保护状况
它们是生命面临威胁的灵长类动物之一。栖息地的大幅减少是它们面临的主要威胁。在全世界的各个动物园里，都有狮尾猴的圈养保育计划。

Mandrillus leucophaeus
鬼狒

体长：61~47 厘米
尾长：52~76 厘米
体重：11~55 千克
社会单位：群居
保护状况：濒危
分布范围：非洲西部

鬼狒像山魈一样，栖居在热带森林里，吃水果、树根、青草与小动物，尤其是白蚁。一般组成有 20 只个体的群体，由雄性鬼狒占主导地位。通过用胸部摩擦树木来标示自己的活动领地。臀部呈现粉红色或蓝色。妊娠期长达 168~179 天，一次只产 1 只幼崽。它们很长寿，寿命有 46 年。

Theropithecus gelada
狮尾狒

体长：50~75 厘米
尾长：45~50 厘米
体重：11~21 千克
社会单位：群居
保护状况：无危
分布范围：埃塞俄比亚（中部高原）

狮尾狒属于日行性动物，栖居在高原地区，主要吃青草。群体一般由一只雄狮狒、多只雌狮狒与幼崽组成，有些群体甚至多达 350 只狮尾狒。倘若一只雄狮尾狒入侵，雌狮狒会负责捍卫领地。它们指爪灵活，可准确地抓取青草中可食用的部分。

Pygathrix nemaeus
白臀叶猴

体长：61~76.2 厘米
尾巴：55.8~76.2 厘米
体重：8.2~10.9 千克
社会单位：群居
保护状况：濒危
分布范围：东南亚

根据最新研究，白臀叶猴及大鼻猴与川金丝猴十分相似。它们栖居在海拔 2000 米的高山地区，大部分时间在树林的中高处度过，白天比较活跃。它们又被称作"着装的猴子"，因为它们的毛发颜色很像衬衣、手套、靴子、帽子与裤子穿在身上一样。它们喜好社交，个体之间喜好变换面部表情来做不同的小游戏。群体可有多达 15 只白臀叶猴，通常在森林的林间小道活动。占地 1.5~3.3 平方千米。82% 的食物是新鲜的嫩叶。在它们交配之前，雄猴与雌猴之间会相互传递性信号。经过 177 天的妊娠期，雌猴在 2~6 月之间产下 1~2 只幼崽。

Rhinopithecus roxellana
川金丝猴

体长：57~76 厘米
尾长：51~72 厘米
体重：11.6~19.8 千克
社会单位：群居
保护状况：濒危
分布范围：中国东部或西南部

平扁的小鼻子
鼻骨退化，鼻孔分得很开

川金丝猴栖居在树木繁茂的山地，在那里有雪覆盖地面达 4 个月以上。它们的食物根据季节而不同：在冬天它们几乎只吃青苔与树皮，夏天的时候还会吃花朵、树叶、种子、嫩叶与昆虫。它们可以忍受低温，这是它们与其他灵长类动物相比最与众不同的特点。川金丝猴作为日行性动物，择木而栖，但是雄猴大部分时间都在地面上度过。它们之间存在着多种交流方式，每个个体都有自己独特的嗓音与吼叫声。一般的小猴群由一只占主导地位的雄猴与一群雌猴组成，在夏天的时候所有的小猴群会集合起来组成多达 600 只个体的大猴群。在大猴群之间，雄猴常常为了获得雌猴的芳心而大打出手。在长达 7 个月的妊娠期后，雌猴在 4~8 月之间产下 1 只幼崽。倘若有危险来临，雌猴会得到猴群里其他猴子的帮助，保护幼猴。它们的寿命有 26 年。

不一样的毛发
额头与脖子部分颜色呈金黄色，身体其他部位的颜色根据性别而有所不同。

保护状况

近几十年来，由于森林砍伐与人类的狩猎行为，狒狒的数量已锐减了 50%。有关对狒狒的国际买卖是被明令禁止的。在越南和老挝，狒狒是备受法律保护的，但是这一法律并没有得到相应的执行力度。

Nasalis larvatus
长鼻猴

体长：60~76.2厘米
尾长：55.9~76.2厘米
体重：7~22.5千克
社会单位：群居
保护状况：濒危
分布范围：婆罗洲岛

保护状况
栖息地的减少与人类的狩猎使得长鼻猴的生存状况堪忧。目前在野外只存活有约7000只长鼻猴。

长鼻猴栖居在靠近河岸的混交林、热带雨林与红树林里。它们在日间活动，择木而栖，吃嫩芽与树叶。根据目前的记录，总共有90种植物是它们的主要食物，但是它们偏好红树林叶，而且也会吃些无脊椎动物。双足有蹼，是游泳的"高手"，有时候它们甚至利用会游水的特点来躲避危险或者尽可能地在更大范围内寻找食物。它们一般在清晨或傍晚时分进食，其他时间用来休息或进行社交活动，例如互相梳理毛发。由于体重较重，它们走路时四肢并用，行动缓慢。实行一夫多妻制。在长达165天的妊娠期后，雌猴会产下1只幼崽。雌猴会哺乳6个月，幼猴出生1年之后便可独立生活。一个长鼻猴猴群平均由32只猴子组成，有时候甚至达到80只，但是雄猴与雌猴随时都可以离开原本的猴群而加入其他猴群中。寿命不长，一般只有20年。

隐藏的耳朵
长鼻猴的耳朵很小，通常隐藏在毛发之中。

大大的胃
它们有着大大的胃，看起来就像怀孕了一样。

大鼻子
一只成年长鼻猴的鼻子有10厘米之长。在兴奋的时候，鼻子会变红。随着长鼻猴的成长，它们的鼻子也会慢慢地增长，最老的长鼻猴的整个鼻子甚至会下垂到嘴巴下方。

不一样的颜色
四肢的毛发颜色与身体其他部位的颜色是不同的。

Hylobates muelleri
灰长臂猿

体长：44~63.2 厘米
尾长：无
体重：4~8 千克
社会单位：群居
保护状况：濒危
分布范围：婆罗洲岛

与其他旧世界灵长类动物不同，雌雄灰长臂猿长得十分相似。毛发颜色根据亚种不同，呈现灰色或褐色。它们有着长长的犬齿，大拇指长在手腕上而非手掌上，因此，它们双手十分灵活，可在树木之间来回穿梭攀爬。它们手臂十分灵活，双臂可有力地挂在树上，在树枝之间四处摇晃。一天之内，它们有 10 个小时都处于活跃状态，大部分时间都用来觅食。它们只吃成熟的水果与无花果，有时候也吃嫩叶与昆虫。以一个家庭作为最小单位，通常由成年雌猴、雄猴与幼猴组成。它们会尽力地捍卫自己的领地。

悬挂着
灰长臂猿通过双臂在树木之间来回移动

Hylobates pileatus
戴帽长臂猿

体长：44~63.5 厘米
尾长：无
体重：4~8 千克
社会单位：群居
保护状况：濒危
分布范围：东南亚（老挝、泰国与柬埔寨）

有关戴帽长臂猿的资料很少。与其他长臂猿不同的是，它们性别二态性很明显：雄性戴帽长臂猿脚部呈黑色，手臂呈白色；而雌性的毛发呈金黄色，且胸部呈黑色。通常在四季常绿的森林里会找到它们的踪迹。一夫一妻制，但是有些实行一夫多妻制。戴帽长臂猿长大成熟之后，便会离开原本的猴群。它们作为日行性动物，择木而栖，会通过不同的叫声与威胁方式来捍卫它们约 25 万平方米的领地。通常凑成一群的雄猴与雌猴会一起发出叫喊声，组成二重奏。它们的主要食物是水果与无花果，但是有时候也吃花、昆虫与卵。

雌戴帽长臂猿
它们的毛发颜色与雄猴十分不同。

Hylobates moloch
白眉长臂猿

体长：45~64 厘米
尾长：无
体重：4~9 千克
社会单位：群居
保护状况：濒危
分布范围：爪哇岛（印度尼西亚）

通常白眉长臂猿是不下树的，它们通常在爪哇岛西部的热带森林里高高的树冠上生活，吃成熟的水果。毛发呈银灰色，外层为黑色。它们手臂很长，身材苗条，可在树木之间轻松地来回穿梭。它们的寿命可长达 45 岁。一夫一妻制，因此，一般雄猿猴与雌猿猴会与它们生下的幼猿猴共同组成一个群体。在雄猿猴与雌猿猴 10~20 岁的时候，它们便可生育，通常总共产下 5~6 只幼猴，而雌猿猴会照顾幼猿猴 2 年，一旦过了这个期限，雌猿猴很快就会再次怀孕。妊娠期长达 7 个月。当白眉长臂猿达到性成熟的时候，它们便会离开原来的群体。因此，一个家庭组成的猿猴群体通常不超过 4 只个体。它们通过不同的叫喊声与吼叫声来捍卫自己的领地。与其他灵长类动物相比，白眉长臂猿寿命很长，可活至 45 岁。

保护状况

目前，野生白眉长臂猿的数目不超过 4500 只。森林砍伐、人类的狩猎与爪哇岛的城市化使得它们的生存面临威胁。

Hylobates syndactylus
合趾猿

体长：71~90 厘米
尾长：无
体重：8~12 千克
社会单位：群居
保护状况：濒危
分布范围：东南亚（马来西亚与印度尼西亚的苏门答腊岛）

合趾猿是体形最大的长臂猿，身高近 1 米。它的第二与第三个脚趾之间有一层薄膜，双趾合在一起，因此被称作合趾猿。它们有大大的喉囊。双臂长度可以是身体长度的 3 倍。实行一夫一妻制，一对合趾猿在早上的时候会通过二重唱的方式来标示自己的领地。它们在 8~10 个小时的觅食活动之后，会回到自己的窝内休憩。它们的食物有卵、昆虫与其他小动物。其中 48% 的食物为树叶，这个比例比其他长臂猿大很多。雄性合趾猿与雌性合趾猿都有着十分发达的犬齿。妊娠期长达 7 个月，一般一胎生 2 只幼崽。在 18~24 个月之后，幼猿便会断奶。

喉囊
喉囊的存在使它们可以发出很大的吼叫声。

Hylobates lar
白掌长臂猿

体长：42~58 厘米
尾长：无
体重：4~7.6 千克
社会单位：群居
保护状况：濒危
分布范围：东南亚与中国南部

因为四肢的前半部分而被命名为白掌长臂猿。身体的其余部位呈深棕色或微红色。它们栖居在热带雨林中高高的树冠之上，很少下树。它们很挑食，只吃成熟的水果与幼嫩的树叶或嫩芽。实行一夫一妻制，一对白掌长臂猿为了捍卫领地，会发出二重唱。它们的繁殖与社交习惯与东南亚其他长臂猿都十分相似。

Nomascus concolor
黑冠长臂猿

体长：44~64 厘米
尾长：无
体重：5~8 千克
社会单位：群居
保护状况：极危
分布范围：中国南部、老挝与越南

黑冠长臂猿在以上三个国家分布得十分分散。过去，黑冠长臂猿分布面积广泛，一直蔓延到中国中部。雄性黑冠长臂猿在 6 岁的时候，毛发呈黑色，在此之前它们的毛发是明亮的金黄色；而雌性黑冠长臂猿的毛发一直都是金黄色的。它们体形相对较小，手臂很长，能在树木之间来回穿梭攀爬。与其他长臂猿相比，它们饮食广泛，吃成熟的水果、嫩叶、幼芽、昆虫与其他无脊椎动物。妊娠期长达 7~8 个月。幼猿隔年断奶，到 8 岁的时候达到性成熟。它们栖居在热带雨林里。

头冠
雄性黑冠长臂猿有着醒目的黑色头冠与白色的双颊。

Gorilla gorilla
西部大猩猩

体长：1.25~1.75 米
尾长：无
体重：70~180 千克
社会单位：群居
保护状况：极危
分布范围：非洲西部

西部大猩猩栖息在非洲赤道边上平原地区的热带森林里。一般由家庭成员组成一个群体，由一只占主导地位的雄猩猩所领导。通常一个群体有12只大猩猩，有时候甚至达到30只。但是有时候，一些雄性大猩猩是独居的。它们的活动范围有200万~5000万平方米。当两个群体互相遇见，它们也互不理睬，各自继续自己的活动。西部大猩猩择木而栖，喜好水果。它们通常组成小群体一起生活，因此十分容易受到伤害。作为日行性动物，西部大猩猩白天大部分时间用来休息与进食。其食物主要是树叶与水果。在傍晚时分，它们会捡些树枝拼成床，以便休息与睡觉。它们每天都会为自己搭建新的"床"。体形比较小的西部大猩猩会直接在树枝上睡觉，而占主导地位的大猩猩则通常在地上睡觉。

雌性西部大猩猩的体形比雄性小很多，但是雌雄西部大猩猩的体毛颜色则十分相似：通体呈黑色，夹杂着褐色与淡灰色。较为年长的西部大猩猩背部颜色呈白色，因此，又名银白腰背大猩猩。它们的鼻子很扁，鼻孔很大，下巴扁平有力，牙齿尖利。脸部、耳朵与手脚都没有毛。占主导地位的西部大猩猩有交配优先权，可与整个群体的雌性交配。妊娠期长达8~9个月，雌性大猩猩一般一胎只产1只幼崽，幼猩猩出生后由母猩猩照顾到4岁。寿命最长可达50岁。

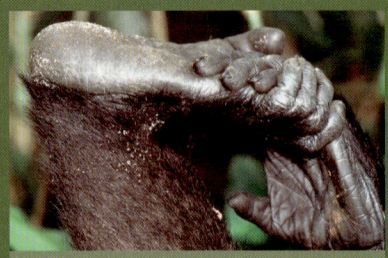

灵活的四肢
西部大猩猩的"手"相对较大，指尖上都有指甲。手脚的大拇指都可反向移动，这使得它们可以灵活地抓取物体。

幼崽的迁移
出生3个月后，幼崽会趴在或悬挂在母猩猩的腰部或肚子上。

保护状况
为了防止西部大猩猩数目的减少，人们在它们的所有分布区域建立了保护区。但是专家们仍旧呼吁，这些西部大猩猩需要人们更多的保护与控制。

Gorilla beringei
东部大猩猩

体长：1.5~1.85 米
尾长：无
体重：70~200 千克
社会单位：群居
保护状况：濒危
分布范围：非洲中部

东部大猩猩是世界上体形最大的灵长类动物。雄性东部大猩猩会比雌性的体形大很多。它们毛发很长，下颚与牙齿比西部大猩猩要长很多。其形态变化与它们的栖息地环境有关：它们栖居在维龙加火山群（海拔高达 4000 米）云雾缭绕的森林里。东部大猩猩毛发很干，呈蓝黑色或灰褐色。当它们紧张的时候，腋下的腺体会散发出强烈的气味。实行一夫一妻制。群体里占主导地位的雄性东部大猩猩拥有与其他雌猩猩交配的优先权。妊娠期长达 8 个半月，一次只产 1 只幼崽。成年的雌性东部大猩猩在 10 岁的时候，会离开原本的群体；而雄性东部大猩猩会在 11 岁的时候离开，之后开始独立生活，达到性成熟后便会开始组建自己的家庭。

保护状况
大面积的森林砍伐、人类的狩猎与战争冲突使这一物种的生存面临威胁。东部大猩猩栖居在自然保护区，其买卖是被明令禁止的。尽管如此，非法狩猎仍旧是屡禁不止。

多样的膳食
它们吃树叶、树根、花、树皮、蘑菇及一些无脊椎动物。

Pongo abelii
苏门答腊猩猩

体长：1.3~1.8 米
尾长：无
体重：30~90 千克
社会单位：独居
保护状况：极危
分布范围：苏门答腊岛（印尼）

苏门答腊猩猩与婆罗洲猩猩是亚洲地区最大的猩猩。它名字的起源来自马来语"orang hutan"，意指"丛林里的人类"。一般在海拔较低的森林里，尤其是靠近河流的地方，可以找到它们的踪迹。它们通常一整天都待在树上，还会在树上建窝。主要吃各种水果。交配期一般在水果繁多的季节。雄性苏门答腊猩猩会一直尾随雌猩猩直到交配成功。有时候，雄猩猩的这一行为会打扰到雌猩猩，因此，雌猩猩会采取策略来躲避雄猩猩，例如，它们会与其他成年的雄猩猩或雌猩猩联合起来抵抗渴望交配的雄猩猩。在产崽之后，雌猩猩会在接下来的 8~9 个月里照顾幼崽。

长长的胡须
苏门答腊猩猩无论雌雄都有长长的胡须，毛发呈橙红色。

保护状况
森林砍伐与农业发展是苏门答腊猩猩面临的两大威胁。而且，人类针对它们的狩猎行为也有所增加。

Pongo pygmaeus
婆罗洲猩猩

体长：1.25~1.5 米
尾长：无
体重：30~90 千克
社会单位：独居
保护状况：濒危
分布范围：东南亚

灵活的双腿
婆罗洲猩猩与猴子相似，有着灵活的双腿，适于攀爬树木，四处穿梭。

婆罗洲猩猩的双臂展开长达 2 米。它们的腿很短，但是很灵活。与其他猿猴相比，其灵巧的肩关节、臀关节和手腕使它们可以最大限度地伸展与活动。它们利用双手与牙齿来剥果皮，同时也会制作工具，例如利用树枝来遮挡雨水。

树上的日子

婆罗洲猩猩是最大的树栖性哺乳类动物。它们白天大部分时间都用来寻找水果，尤其是无花果，而夜晚的时候，它们会在高处搭建起一个平台用来睡觉。雄性婆罗洲猩猩很少到地面活动。

性别二态性

雄性与雌性婆罗洲猩猩的外表有着很大的区别。雄猩猩有着长长的胡须与喉囊。当它们伸展双臂的时候，长长的毛发就像一个披肩一样。

大声交流
雄性婆罗洲猩猩会发出大且长的吼叫声，以此来表明自己的身份并吸引异性。

母亲的照顾

婆罗洲猩猩幼崽的幼年期很长：它们会待在母猩猩身边长达 8 年。刚开始的时候，幼猩猩会完全依靠自己的母亲，但是随着时间的推移，它们会慢慢地学习必备的生存技能。母猩猩会教幼猩猩寻找食物、爬树与建窝。在所有哺乳动物中，婆罗洲猩猩的繁殖期与哺育期是最长的，只有人类在这方面可以超过它们。

幼猩猩的抚养
在3~4 岁的时候，婆罗洲猩猩便会断奶，开始自己寻找食物。尽管它们会越来越独立，但还是会与母亲保持密切的联系。

进食
在长到3 个月大的时候，婆罗洲猩猩除了母乳之外，会开始吃固体食物。母猩猩会把水果咬碎之后再喂食到幼崽的口中。

15 岁
即便到15 岁，雌性婆罗洲猩猩仍旧会继续探望自己的母亲。

刚出生的猩猩
一只刚刚出生的婆罗洲猩猩连头都无法抬起，它的肌肉很软，没有牙齿。两岁之前，它们的生活完全要依靠母猩猩。

哺乳动物（上） 109

学习习惯
雌婆罗洲猩猩会教导幼猩猩在热带雨林里必备的生存技能。幼猩猩一般不会与其他婆罗洲猩猩接触。

A 夜里的窝
雌猩猩会与幼猩猩共同睡一个窝中达3年之久，之后它会教幼猩猩建起自己的窝。幼猩猩会在离雌猩猩近的地方建窝，有时候甚至在同一棵树上建窝。

高度
4~30米之间

材料
树枝与新鲜的树叶

母亲的角色
由于幼猩猩的学习时间十分漫长，因此，一只母猩猩一生只生产不超过3只幼崽。当一只幼猩猩出生后，母猩猩仍旧会继续照顾其他的猩猩幼崽。

245天
妊娠期长达245天，一次只产1只幼崽，双胞胎概率很低。

手指
幼猩猩有着强而有力的手指，可以紧紧地抓住雌猩猩。

B 依赖性地"行走"
婆罗洲猩猩出生的时候，有着细长而脆弱的双臂与双脚。因此，它们会趴在雌猩猩的胸前长达两年，之后几年会靠在雌猩猩的腰部。

C 教爬树
雌猩猩会教导幼猩猩如何在丛林里自力更生：哪些树有最好的果实，哪些区域不应该去，如何在树枝之间来回穿梭。幼猩猩会在4岁的时候开始自己爬树。

Pan troglodytes

黑猩猩

体长：63.5~92.5厘米 / 直立 1~1.7 米
尾长：无
体重：26~70 千克
社会单位：群居
保护状况：濒危
分布范围：非洲中西部

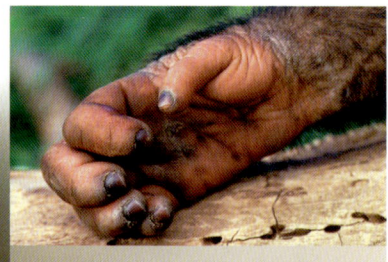

小小的拇指
黑猩猩其余的手指都很长很大，以便它们四处爬树。它们的中指与拇指可反向翻转。

黑猩猩是最像人类的灵长类动物，可栖居在各种各样的环境里，从热带丛林到草原再到海拔约2750米的山地森林。它们的双臂很长，长度甚至超过身体的一半；双腿却较短。臂长腿短这一身体结构使得它们可以轻易地趴下并通过四肢行走。除了拇指之外，它们的双手与手指都很长，这使得它们可以通过手指的抓取（拇指除外）在树枝之间来回穿梭、移动。它们的耳朵与颧骨都很大，而眉毛部位的骨头很突出。它们的嘴唇也很突出，灵活性极佳，这使得它们可以通过嘴巴来实现许多活动。脑颅容量在320~480立方厘米之间。

黑猩猩是喜好社交的日行性动物，会坐在树上进食果实（有时利用粗糙的工具），以此度过它们大部分时间。每天它们还会为自己搭建小窝，有些甚至还会制作床垫与床单。

黑猩猩一年四季均可繁殖。无论是雄猩猩还是雌猩猩都会与许多异性进行交配。交配不仅可以繁殖后代，还可以促进群体和睦。一旦雌猩猩怀孕了，会在230天的妊娠期后，产下唯一的猩猩幼崽。雌猩猩会负责照顾猩猩幼崽长达3~4年，猩猩幼崽在第6年的时候便可独立生活，10~15岁时达到性成熟（雌猩猩会更早）。一个猩猩团体由许多独立的小群体组成，猩猩个体不必只在一个群体里待着，因此，它们可以参与其他群体的活动。

突出的下颚
嘴唇突出，灵活性强，可用来抓取物体。

毛发与年龄
毛发黑色，但随着时间的增长，颜色会变成淡灰色。

生态保护
由于森林砍伐、人类的非法狩猎与疾病传播，黑猩猩的处境令人担忧。在现有的条件下，需要我们更加努力地去保护它们。

Pan paniscus
倭黑猩猩

体长：1.04~1.24 米
尾长：无
体重：27~61 千克
社会单位：群居
保护状况：濒危
分布范围：非洲中部（刚果盆地）

倭黑猩猩是最晚被发现的猿猴类动物。与其他同类不同的是，它们的脸、手还有脚都是黑色的。它们的体形大概为人类的 2/3。雄性倭黑猩猩会比雌性要大些。它们比黑猩猩更常用双足行走。四肢很长，尤其是双腿。倭黑猩猩不存在亚种。栖居在各种类型的森林里。

倭黑猩猩在森林、种植园与沼泽里觅食，睡在树木茂盛的地方。膳食结构、群体密度根据环境的不同而有所不同。它们主要吃果实但也吃嫩芽、树叶、树根与花，有时候还吃蘑菇与昆虫。它们与黑猩猩一样，交配除了有繁殖后代的功能外，也有益于群体的和睦与团结。无论是雌性还是雄性，倭黑猩猩均可与群体内的多个异性交配。妊娠期长达 240 天，幼倭黑猩猩到 4 岁的时候断奶，7~9 岁便可独立生活。

倭黑猩猩之间亲情浓厚，幼崽即便成年了也会一直和母亲保持联系。

区别
倭黑猩猩是黑猩猩的近亲，但是它们有着长长的黑色毛发，即便在两颊也长满毛发。

保护状况
倭黑猩猩面临的主要威胁来自于以售卖其肉体为目的的非法狩猎、战争冲突、森林砍伐与人类住宅区的增多。

Homo sapiens
智人

身高：1.5~1.8 米
体重：50~80 千克
社会单位：群居

人类是最发达且分布最广泛的灵长类动物。在五湖四海皆可找到人类的踪迹，在 200 万年前的非洲，人类的祖先首次诞生。首先，人类具有直立体位与双足行走的特点，这使他们在草原上有开阔的视野，且双手可灵活抓取物体。人类主要通过拇指与食指来抓取物体。与其他物种相比，他们的头颅容量很大且大脑异常发达，脑容量约有 1450 立方厘米。随着时间的推移，原始人慢慢进化，并衍生出另一至关重要的特点：通过声音与书写来达成互相的交流，即语言。当今，人类的形态、社会与文化多种多样。人类是一种极其喜好社交的物种，通常以家庭为核心再辐射至个体。个体的独立与活动根据不同的社会文化规则而有所不同。

事实上，人类的存在某种程度上正威胁着其他物种的生存，但是我们仍有智慧与能力使它们不因我们的错误而从地球上灭绝。

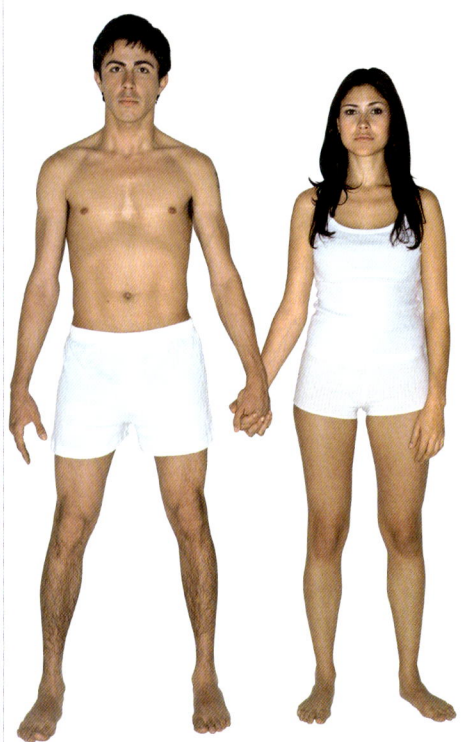

食蚁兽、犰狳及穿山甲

食蚁兽、犰狳及穿山甲的外形与它们早已灭绝却庞大无比的祖先相似。有些物种为了适应环境而完成自身进化，例如，食蚁兽有着长且黏的舌头，而犰狳与穿山甲有着坚硬的护甲。它们新陈代谢缓慢，大部分都生活在美洲大陆上。

食蚁兽与树懒

| 门：脊索动物门 |
| 纲：哺乳纲 |
| 目：披毛目 |
| 科：4 |
| 种：10 |

披毛目包括4种胎盘类哺乳动物，而且全都生活在美洲大陆上，其中包括：食蚁兽、侏食蚁兽、树懒及地懒。该目的名称来源于该目的物种均披有浓密的毛发。

Myrmecophaga tridactyla
大食蚁兽

体长：1.2~1.6 米
尾长：40~90 厘米
体重：25~54 千克
社会单位：独居
保护状况：易危
分布范围：中美洲南部延伸至阿根廷北部

大食蚁兽体形很大，全身长满刚毛，可以抵挡蚂蚁与白蚁的啃噬。它们从脖子到长达90厘米的尾巴上都长满了长长的鬃毛。当它们睡觉时，尾巴会蜷缩在一起。食蚁兽没有牙齿，头盖骨形状很长，长得十分奇怪，嘴巴呈管状，有着长且黏的舌头，长度可达60厘米。它们的嗅觉十分灵敏。

大食蚁兽的双爪强大有力，为了寻找它们的食物——白蚁，可粉碎整座白蚁丘；同时它们的双爪也可抵抗其天敌如美洲虎的攻击。为了寻找食物，大食蚁兽会分开行动。它们采取"可持续发展"的战略：为了防止食物资源枯竭，它们只吃来自不同蚁穴中的部分蚂蚁或白蚁，以便给予蚂蚁机会重建家园。它们一般在黄昏时分行动活跃。

雄性与雌性食蚁兽只会在短暂的交配期聚集在一起。在长达190天的妊娠期后，雌性食蚁兽会产下1只幼崽。幼崽哺乳期长达2个月，它会一直趴在母食蚁兽的身上，直到9个月大。

管状头骨
承载着巨大的唾液腺。

爪子
强大的爪子可粉碎蚁穴，使其得以触碰蚁穴的中心地带。

Cyclopes didactylus
侏食蚁兽

体长：15~18 厘米
尾长：18~20 厘米
体重：450~550 克
社会单位：独居
保护状况：无危
分布范围：墨西哥南部直到玻利维亚与巴西东部

侏食蚁兽，顾名思义，是最小的食蚁兽。它们长着柔顺的红栗色毛发，有着可缠绕的长尾巴及有力的后肢，后肢上长着特殊的关节，使其即便双手架空也可倒挂在树枝上。

它们择木而栖，喜好夜行，食昆虫。

Tamandua tetradactyla
小食蚁兽

体长：53~80 厘米
尾长：40~59 厘米
体重：3.6~8.4 千克
社会单位：独居
保护状况：无危
分布范围：南美洲中部与北部

小食蚁兽的毛发总体呈赭黄色（有时候偏橙色），有条黑色条纹覆盖着后腰与前肢。无毛的尾巴可缠绕，使其易于在树上四处行走。

小食蚁兽如同它们的近亲，即食蚁兽一样，没有牙齿，但有着黏黏的舌头。它们的主要食物有白蚁、蚂蚁与蜂蜜。

小食蚁兽喜好夜间行动，白天时在树洞中休憩。活动范围在 350 万~400 万平方米之间。它们的前肢只有 4 趾而后肢却有 5 趾。

Bradypus torquatus
巴西三趾树懒

体长：40~75 厘米
尾长：3.8~9 厘米
体重：2.3~5.5 千克
社会单位：独居
保护状况：濒危
分布范围：巴西东部

巴西三趾树懒脖子很长，头部可灵活转动，可 270 度旋转。鬃毛黑色，覆盖脖子与肩膀。择木而栖。它们大部分时间头部朝下，只在为了寻找食物或者需要排泄时才下树，因此得名树懒。每天的睡眠时间长达 20 个小时，因此，它们的器官位置与其他哺乳类动物有很大的不同。它们的主要食物为树叶、嫩芽与树枝。

妊娠期
在长达 6 个月的妊娠期后，雌巴西三趾树懒会产下 1 只幼崽。幼崽会一直紧抓住母亲的肚子，长达半年多。

Choloepus didactylus
二趾树懒

体长：46~86 厘米
尾长：无
体重：4~8 千克
社会单位：独居
保护状况：无危
分布范围：南美洲北部

二趾树懒行动异常缓慢，且日常活动仅限于夜间觅食与睡觉，它们的新陈代谢十分缓慢。为了排便、排尿或者转移树木休憩，它们通常一个星期只会下树一次。它们的前肢比后肢要长得多，且只有 2 趾，呈弯曲的爪状。

犰狳

门	脊索动物门
纲	哺乳纲
目	有甲目
科	1
种	21

犰狳科是有甲目里唯一幸存下来的动物科目。犰狳仅仅出现在美洲大陆上，有着由骨头组成的披甲，排列整齐，覆盖整个后背，且一直延伸至头部。它们有许多圆柱状的牙齿，没有牙釉质，可一直生长。

Tolypeutes matacus
拉河三带犰狳

体长：21~30 厘米
尾长：4.5~7 厘米
体重：0.9~1.6 千克
社会单位：独居或群居
保护状况：近危
分布范围：南美洲中部

拉河三带犰狳的盔甲在自卫的时候，可以弯曲成球状。它们自己不建窝，而是选择在茂密的植被之间居住或者占用其他动物遗弃的洞穴。它们的主要食物有蚂蚁与白蚁。它们的大部分活动都在下雨或者气温炎热的时候进行。尽管它们也是独居动物，但是在冬天，会在同一个洞穴内聚集，数量可达 12 只左右。在长达 4 个月的妊娠期后，雌拉河三带犰狳会产下 1 只幼崽，哺乳期长达 2 个月，幼崽 1 年之后可达性成熟。

防卫
它们会卷成一团，只留下一个小小的空间，在关键时候可以夹住天敌的爪子。

Priodontes giganteus
大犰狳

体长：0.75 米~1 米
尾长：45~50 厘米
体重：25~60 千克
社会单位：独居
保护状况：易危
分布范围：南美洲北部与中部

大犰狳，顾名思义是体形最大的犰狳。它们的爪子很大（长达 20 厘米）。它们的铠甲由骨状的硬甲组成，覆盖双爪与尾巴的硬甲呈五角形。头部圆锥状，也由一层硬甲包围着。

大犰狳喜好夜行，主要吃腐肉、白蚁、蚂蚁与其他无脊椎动物。当它们感到危险来临时，会挖地并把自己藏起来。

Chaetophractus villosus
披毛犰狳

体长：29~35 厘米
尾长：12~14 厘米
体重：1.5~3.6 千克
社会单位：独居
保护状况：无危
分布范围：玻利维亚、巴拉圭与阿根廷

披毛犰狳与其他犰狳的不同之处在于它们的软毛。它们的肚子与四肢都被毛发与硬甲覆盖着。它们的盔甲很宽且扁平，由 6~8 个可动的横带组成。它们不仅擅于走路，还是掘地"能手"。

灵敏的嗅觉
披毛犰狳通过嗅觉来发现猎物，尤其是它们喜食的地栖的无脊椎动物。

穿山甲

门:	脊索动物门
纲:	哺乳纲
目:	鳞甲目
科:	1
种:	8

鳞甲目动物是唯一具有鳞甲片的哺乳类动物。它们没有牙齿，但是在幽门（连接胃与十二指肠的下阀门）处有凸起的角蛋白，可以与摄入的碎石把食物磨碎。穿山甲只生活在亚洲与非洲的热带地区。

Manis temminckii
南非穿山甲

体长：34~61 厘米
尾长：31~50 厘米
体重：5~15 千克
社会单位：独居
保护状况：无危
分布范围：非洲南部与东部

大片赭石色的鳞甲片，像朝鲜蓟叶般，覆盖着南非穿山甲全身。它们喜好夜行，会靠近地面用双足走路寻觅食物，会用长长的舌头卷食蚂蚁与白蚁。只有在繁殖期才会与其他穿山甲聚集在一起。为了能够跟雌性穿山甲在一起，雄性南非穿山甲之间会互相挑战。幼崽一般出生在地下洞穴中。刚出生的幼崽会趴在母亲的背上或者挂在母亲的尾巴上好几个星期，雌性穿山甲会一直照顾并喂养它，一直到幼崽达到成年阶段。

Manis pentadactyla
中国穿山甲

体长：42~60 厘米
尾长：18~28 厘米
体重：2~3 千克
社会单位：独居
保护状况：濒危
分布范围：亚洲东南部

中国穿山甲有着18列铜色的鳞甲片并夹带着毛发，这在哺乳类动物身上并不多见。它们喜好夜行，地栖性，经常爬树，同时也是"游泳高手"，但是行动缓慢，行事畏惧。当它们进食蚂蚁与白蚁的时候，鼻孔、耳朵与眼睛会处于闭合状态，以此来防御动物的攻击。雌性穿山甲一次只产1只幼崽，幼崽刚出生时全身布满软软的甲片。残忍的是，人们既会售卖珍稀的穿山甲肉作为食材，也会把它们当作稀世珍宝售卖给各个动物园。目前，中国穿山甲的生存状态因栖息地破坏与人类的狩猎行为而遭受威胁。

Manis (Uromanis) tetradactyla
长尾穿山甲

体长：30~40 厘米
尾长：60~70 厘米
体重：2~3 千克
社会单位：独居
保护状况：无危
分布范围：非洲中部与西部

长尾穿山甲尾巴的长度是身体的2倍。事实上，它们有46~47根椎骨，这是哺乳类动物之最。鳞甲的颜色呈褐色，是一个很好的伪装。它们与其他穿山甲的不同之处在于，它们是日行性动物。大部分时间择木而栖，但有时候也会下水游泳。它们有着灵敏的嗅觉，通常通过肛门与尿道排出的排泄物来标定自己的领地。它们的肉可食用且鳞甲可入药，因而会被人类追捕。